## Vorwort zur ersten Auflage

Das vorliegende Buch ist einer leider recht seltenen Arbeitsgemeinschaft entsprungen. Ein Mathematiker, der während der Kriegszeit zwar unfreiwillig, aber durchaus nicht ungern vor die Notwendigkeit gestellt war, sich gewissermaßen Hals über Kopf in die Elektrotechnik zu stürzen, und ein wirklich mitten in der Praxis stehender Techniker und Leiter der Forschungsabteilung eines größeren Unternehmens der Starkstromtechnik, der wieder von seinen technischen Problemen aus gezwungen war, immer tiefer auch in die „reine Mathematik" hineinzusteigen, legen hiemit ein Ergebnis ihrer Zusammenarbeit vor, deren Besonderheit das Abgehen von der gebräuchlichen Darstellung der Vektorrechnung und der konsequente Aufbau einer neuen Art der Darstellung ist, die zwar an und für sich nicht neu ist, aber doch bisher nicht in vollem Umfang durchgeführt wurde. Unsere Erfahrungen damit waren so positiv, daß wir glauben, daß ihre weitere Verbreitung sich allgemein dahingehend auswirken könnte, die Scheu besonders des Technikers vor der praktischen Anwendung der Vektor- und Tensorrechnung zu überwinden. Das endgültige Urteil wird auch hier, wie in allen Fragen der Darstellung und der Methode, von der Erfahrung gesprochen werden.

Die vorliegende Lieferung umfaßt lediglich den ersten, die Tensoralgebra enthaltenden Teil des Buches. Die beiden anderen Teile, die wir in einer einzigen abschließenden Lieferung herauszubringen hoffen, werden die Tensoranalysis, also die Theorie der von irgendwelchen Veränderlichen abhängigen Vektoren und Tensoren einschließlich der Differentialgeometrie und der Feldtheorie, und die eigentlichen physikalischen und technischen Anwendungen behandeln. Die an das Inhaltsverzeichnis des ersten Teiles angeschlossene Inhaltsübersicht für den zweiten und dritten Teil gibt darüber näheren Aufschluß.

Der Kreis der Leser, an die sich das Buch wendet, ist dadurch schon vorgezeichnet: Es ist nicht nur der Mathematiker und Physiker, sondern vor allem der Techniker in den Forschungs- und Berechnungsabteilungen der Industrie. Dementsprechend beschränken sich die Vorkenntnisse, die das Buch verlangt, auf das Minimum dessen, was an den Hochschulen in den üblichen Vorlesungen über höhere Mathematik geboten wird.

Dem Verlag danken wir für die tatkräftige Initiative, mit der er unter schwierigsten Verhältnissen das Erscheinen des Buches nicht nur überhaupt, sondern in einer fast friedensmäßigen Form und Ausstattung ermöglicht hat.

Wien, Herbst 1946

**A. Duschek, A. Hochrainer**

## Vorwort zur vierten Auflage

Als A. Duschek und ich seinerzeit beschlossen, dieses Werk zu schreiben, erschien es uns fast als ein Experiment, den vielen Büchern über Vektorrechnung in der symbolischen Schreibweise ein Werk gegenüberzustellen, welches die Tensorrechnung einschließlich der Vektorrechnung vollständig auf der analytischen Darstellung aufbaut. Diese Methode war damals noch so wenig allgemein bekannt, daß wir erst die Bezeichnung ,,analytische Darstellung'' dafür erfinden mußten. Daß der erste Band nunmehr in der vierten Auflage erscheinen kann, zeigt, daß das Experiment geglückt ist, und die Aufnahme dieser Darstellung in verschiedene Normblätter über die Schreibweise von Tensoren und Vektoren läßt erkennen, daß die analytische Darstellung doch von vielen als zum mindesten gleichberechtigt neben der symbolischen betrachtet wird. Eine Verteidigung der analytischen und Kritik der symbolischen Schreibweise, wie sie in der Einleitung gebracht wird, ist heute lange nicht mehr so notwendig wie damals, wozu vielleicht auch die konsequente Durchführung der analytischen Schreibweise in den 1950 bis 1955 erschienenen weiteren Bänden des Werkes beigetragen haben dürfte. Man kann daher heute wieder etwas toleranter sein, und ich habe bei dieser Neuauflage,

# GRUNDZÜGE DER TENSORRECHNUNG IN ANALYTISCHER DARSTELLUNG

VON

DR. PHIL. ADALBERT DUSCHEK
WEILAND O. PROFESSOR DER MATHEMATIK
AN DER TECHNISCHEN HOCHSCHULE WIEN

UND

DR. TECHN. AUGUST HOCHRAINER
A. O. PROFESSOR AN DER TECHNISCHEN HOCHSCHULE WIEN
DIREKTOR DES HOCHSPANNUNGSINSTITUTES UND DER HOCHSPANNUNGS-SCHALTGERÄTEFABRIK DER AEG I. R.
DIREKTOR DES INSTITUTES FÜR HOCHSPANNUNGSTECHNIK
DER RHEINISCH-WESTFÄLISCHEN TECHNISCHEN HOCHSCHULE AACHEN

IN DREI TEILEN

## I. TEIL: TENSORALGEBRA

MIT 34 TEXTABBILDUNGEN

FÜNFTE, UNVERÄNDERTE AUFLAGE

1968
SPRINGER-VERLAG
WIEN · NEW YORK

ISBN-13: 978-3-211-80858-0 e-ISBN-13: 978-3-7091-8188-1
DOI: 10.1007/978-3-7091-8188-1



Library of Congress Catalog Card Number 68-8602

Titel-Nr. 8182

die den grundsätzlichen Aufbau der früheren Auflagen beibehält, viel mehr Brücken zur symbolischen Schreibweise eingebaut, um deren Anhängern den Übergang zur analytischen Darstellung bei den schwierigeren Problemen und bei den mit der symbolischen Schreibweise nur umständlich möglichen Untersuchungen der Grundlagen zu ermöglichen. Ich weiß mich dabei in voller Übereinstimmung mit den Ansichten von A. Duschek, dessen frühes Ableben unsere erfolgreiche Arbeitsgemeinschaft vorzeitig beendete. Es bleibt sein Verdienst, meine Aufmerksamkeit auf die Möglichkeit der konsequenten Durchführung der analytischen Schreibweise gelenkt zu haben, und ich hoffe, daß auch diese Neuauflage dazu dienen möge, seine Auffassung von der Notwendigkeit einer mathematisch exakten und klaren Darstellung weiter zu verbreiten.

Kassel, Herbst 1959

**A. Hochrainer**

## Vorwort zur fünften Auflage

Daß der erste Band der „Tensorrechnung" nun bereits in fünfter Auflage erscheint, darf wohl als Beweis dafür angesehen werden, daß das Buch in der vorliegenden Form die ihm gestellte Aufgabe wirklich erfüllt. Deshalb bestanden auch keine Bedenken, die fünfte Auflage als mit geringfügigen Verbesserungen versehene photomechanische Wiedergabe der vierten Auflage herauszubringen.

Aachen, Herbst 1968

**A. Hochrainer**

# Inhaltsverzeichnis



*Inhaltsübersicht des zweiten und dritten Teiles umseitig*

## Inhaltsübersicht des zweiten und dritten Teiles

### Tensoranalysis

Veränderliche Vektoren und Raumkurven. — Das begleitende Dreibein und die Formeln von FRENET. — Krümmung und Windung. Die natürlichen Gleichungen einer Kurve. — Raumkurven und Torsen. — Die erste Grundform der Flächentheorie. Messung von Längen, Winkeln und Flächeninhalten auf einer Fläche. — Die zweite Grundform der Flächentheorie. Die Krümmung einer Fläche. — Weiteres über die Krümmung der Fläche. — Tensorfelder. — Die Integration der Feldgrößen. Kurvenintegrale. — Flächenintegrale. Der Stokessche Satz. — Raumintegrale. Die Integralsätze von GAUSS und GREEN. — Das quellen- und wirbelfreie Feld (Laplace-Feld). — Das Poissonsche oder wirbelfreie Feld. — Das quellenfreie oder Wirbelfeld. — Die geometrischen Eigenschaften der Vektorfelder. — Das ebene Feld I. — Das ebene Feld II. — Allgemeine (krummlinige) Koordinaten. — Vektoren und Tensoren in allgemeinen Räumen. — Absolute Differentiation und Parallelverschiebung im Riemannschen Raum. — Der Riemannsche Krümmungstensor. — Anwendungen auf die Flächentheorie. — Spezielle Koordinaten.

### Anwendungen in Physik und Technik

Mechanik des Massenpunktes. — Mechanik des Punktsystems. — Mechanik des starren Körpers. — Spezielle Bewegungen. — Elastizitätstheorie I. — Elastizitätstheorie II. — Mechanik der Flüssigkeiten I. — Mechanik der Flüssigkeiten II (Hydrodynamik). — Vektorielle Doppelfelder I. — Vektorielle Doppelfelder II. — Das Wärmefeld. — Das elektrostatische Feld. — Das magnetische Feld. — Das elektrische Feld. — Das elektromagnetische Feld. — Quasistationäre elektromagnetische Vorgänge. — Schnell veränderliche elektromagnetische Felder. — Spezielle Relativitätstheorie I. — Spezielle Relativitätstheorie II. — Allgemeine Relativitätstheorie. — Spezielle Lösungen der Gravitationsgleichungen.

# Einleitung

Die Tensorrechnung ist in der letzten Zeit sehr in Mode gekommen, nicht nur bei den Physikern, für die sie schon seit langem ein fast unentbehrliches Instrument geworden ist, sondern auch bei den Technikern, die ihre Vorzüge immer mehr zu schätzen wissen. Leider muß man aber bei der Durchsicht der Literatur nur zu oft eine mangelhafte, mitunter geradezu falsche Handhabung der Tensorrechnung feststellen. Es scheint vielfach die nötige Klarheit darüber zu fehlen, was eigentlich ein Tensor ist und wann die Begriffsbildungen der Tensorrechnung mit Vorteil Anwendung finden können. So werden, um nur einige Beispiele zu nennen, in einem recht bekannten Lehrbuch der technischen Mechanik sechs Ausdrücke als Komponenten des Spannungstensors bezeichnet, die niemals ein Tensor sein können, und in einem an anderer Stelle erschienenen Aufsatz über kritische Drehzahlen einer mit Schwungmassen belasteten Welle wird in einer geradezu grotesken Weise mit den Begriffen der Tensorrechnung herumgeworfen, ohne daß auch nur die geringste Berechtigung dazu besteht. Der Verfasser behandelt zuerst den „skalaren" Fall mit nur einer Masse und geht dann zur „vektoriellen" Darstellung über, indem er drei Massen auf der Welle annimmt und diese drei Massen als Komponenten eines Vektors bezeichnet. Ein besonders krasser Fall ist aber der eines amerikanischen Autors, der die Tensorrechnung geradezu mit Gewalt auf die Theorie der elektrischen Maschinen und Netze anwenden will, sich bis zu den Begriffen „absolutes Differential" und „Krümmungstensor" versteigt und darüber dicke Bücher und lange Serien von Abhandlungen veröffentlicht. Es hätte nicht viel Sinn, über solche Dinge auch nur ein Wort zu verlieren, wenn sie nicht geradezu symptomatisch wären, und wenn nicht die Gefahr bestünde, daß hier ein wertvolles und

Da haben wir also einen Punkt $O$, durch diesen Punkt drei aufeinander senkrechte orientierte Gerade und auf ihnen gleiche Einheitsstrecken. Wir haben den Eindruck, daß man so etwas bisher immer als kartesisches Koordinatensystem bezeichnet hat. Jetzt können wir den Vektor numerisch durch die Längen seiner Projektionen auf die Achsen festlegen. Wir sehen: Ein Vektor $\mathfrak{a}$ ist also völlig identisch mit einem geordneten[1] System von drei Zahlen $(A_1, A_2, A_3)$, seinen Koordinaten. Es ist klar, daß eine orientierte Strecke (Vektor) im Raum, wenn wir uns den Raum samt allen seinen Punkten festgehalten denken, vom Koordinatensystem unabhängig ist, womit doch nichts anderes gemeint ist, als daß der Vektor derselbe bleibt, auch wenn wir mit irgendeinem Koordinatensystem im Raum herumfahren. Das Symbol $\mathfrak{a}$ können wir also als unabhängig vom Koordinatensystem ansehen. Aber die drei Koordinaten $A_i$ des Vektors sind es natürlich nicht. Denn wenn wir einen anderen Punkt $\bar{O}$ statt $O$ wählen und drei andere untereinander senkrechte Gerade durch $\bar{O}$, so werden die Längen der Projektionen von $\mathfrak{a}$ auf die drei neuen Geraden andere Werte haben als früher. Aber wenn wir das neue Koordinatensystem mit dem Ursprung $\bar{O}$ in bezug auf das alte System mit dem Ursprung $O$ irgendwie festlegen, z. B. durch Gleichungen, die uns angeben, wie sich die Koordinaten eines allgemein gewählten Punktes im neuen System aus den Koordinaten desselben Punktes im alten System berechnen, dann werden wir ohne weiteres auch angeben können, wie sich die Koordinaten eines Vektors bei dieser Änderung des Koordinatensystems verhalten. Auf diese Art kommt man doch in einem viel präziseren, fast möchten wir sagen, höheren Sinn zu dem Begriff der Unabhängigkeit vom Koordinatensystem, indem wir die Gesamtheit *aller* (rechtwinkeliger kartesischer) Koordinatensysteme betrachten

[1] D. h., daß die Reihenfolge festgelegt ist, denn natürlich ist (1, 1, 2) ein anderer Vektor als (1, 2, 1). Wir nennen diese drei Zahlen nicht, wie es oft geschieht, Komponenten, sondern mit einem guten Grund Koordinaten des Vektors. Das Wort Komponenten hätte sonst einen doppelten Sinn, da man in der Mechanik gewohnt ist, unter Komponenten einer Kraft stets wieder Kräfte zu verstehen, deren Summe die ursprüngliche Kraft ist: Demnach sind die Komponenten eines Vektors selbst Vektoren und nicht Zahlen, und bei dieser Bedeutung des Wortes Komponente wollen wir auch bleiben.

und das Verhalten der Vektorkoordinaten beim Übergang von einem zum anderen System beherrschen und nicht, indem wir einen Vektor durch ein Symbol bezeichnen und dann so tun wie der bekannte Vogel Strauß, als gäbe es kein Koordinatensystem und käme man gänzlich ohne ein solches aus.

Aber auch die Vektorrechnung bleibt nicht bei den Vektoren stehen: Die geometrischen und physikalischen Probleme führen ganz zwangsläufig zur Betrachtung von Größen höherer Art, den Tensoren oder Affinoren. Die symbolische Methode hat bei ihrer Einführung große Schwierigkeiten zu überwinden, weil hier ein geometrisches Substrat von ähnlicher Anschaulichkeit, wie es die orientierte Strecke bei den Vektoren ist, völlig fehlt. Den bequemsten Zugang zu den Tensoren zweiter Stufe, um mit dem einfachsten Falle zu beginnen (sie werden auch als Dyaden bezeichnet), bildet auf jeden Fall eine Zuordnung zwischen Vektoren, die besondere Eigenschaften besitzt, deren mathematischer Ausdruck eben der Tensor ist. Wir werden auf diese Eigenschaften weiter unten noch zurückkommen; hier stellen wir zunächst einmal fest, daß eine solche Zuordnung zwischen zwei Vektoren $\mathfrak{x}$ und $\mathfrak{y}$ symbolisch in der Form $\mathfrak{y} = \mathfrak{A} \cdot \mathfrak{x}$ geschrieben wird, wobei durch den Punkt eine neue Art „inneres Produkt" zwischen Tensor $\mathfrak{A}$ und Vektor $\mathfrak{x}$ angedeutet ist, dessen Resultat eben der Vektor $\mathfrak{y}$ ist, der dem Vektor $\mathfrak{x}$ auf diese Art eindeutig zugeordnet wird. Für dieses innere Produkt gilt auch das kommutative Gesetz nicht, da im allgemeinen $\mathfrak{A} \cdot \mathfrak{x} \neq \mathfrak{x} \cdot \mathfrak{A}$ ist, so daß es hier zwei verschiedene Arten von inneren Produkten von Tensoren zweiter Stufe und Vektoren gibt. Bei Tensoren dritter Stufe gibt es drei verschiedene Möglichkeiten, ein inneres Produkt mit einem Vektor zu bilden, wobei das Resultat jedesmal ein Tensor zweiter Stufe ist. Aber es gibt nur einen vernünftigen Weg — den die symbolische Schreibweise allerdings nicht gegangen ist —, diese verschiedenen Möglichkeiten halbwegs prägnant zu charakterisieren und das ist der, die Stufe eines Tensors durch eine entsprechende Anzahl irgendwelcher Zeichen anzugeben, also etwa $\mathfrak{A}_{\bigcirc\times}$ für einen Tensor zweiter Stufe und $\mathfrak{A}_{\bigcirc\times\square}$ für einen Tensor dritter Stufe zu schreiben. Wenn man dann bei dem Vektor, der ja nichts anderes als ein Tensor erster Stufe ist, ebenfalls ein Zeichen anbringt, so lassen sich die drei Arten innerer Produkte bei einem Tensor dritter Stufe etwa in der Form $\mathfrak{A}_{\bigcirc\times\square}\mathfrak{C}_{\bigcirc}$,

$\mathfrak{A}_{\bigcirc\times\square}\mathfrak{C}_{\times}$, $\mathfrak{A}_{\bigcirc\times\square}\mathfrak{C}_{\square}$ schreiben und unterscheiden. Man kann dann, da die Phantasie kaum ausreicht, um in allen Fällen die nötige Zahl von Verknüpfungszeichen zu erfinden, statt dieser Zeichen $\bigcirc$, $\times$, $\square$ Buchstaben verwenden, also normale und vernünftige Indizes schreiben: $\mathfrak{A}_{ij}$ für den Tensor zweiter Stufe, $\mathfrak{A}_{ijk}$ für den Tensor dritter Stufe usw.; und man wird die Vektoren dann auch immer mit einem Index versehen, wodurch man sich auch von der lästigen Notwendigkeit befreit, Vektoren mit kleinen und Tensoren mit großen Buchstaben zu bezeichnen. Aber wenn man soweit gelangt ist, dann ist formal nur mehr ein ganz kleiner Schritt zu der Schreibweise zu machen, die in der allgemeinen Tensorrechnung seit jeher üblich ist. Es hat keinen Sinn mehr, noch gotische Buchstaben zu verwenden. Die lateinischen erfüllen jetzt den Zweck genau so gut, da die Art der Größe durch die Zahl der Indizes gegeben ist.

Aber jetzt besteht die Möglichkeit, die Symbole

$$A_i, \quad A_{ij}, \quad A_{ijk} \tag{I}$$

usw. auch anders zu deuten, nicht mehr symbolisch, sondern konkret als Koordinaten der Tensoren in einem bestimmten Koordinatensystem, wobei die Indizes als allgemeine Ausdrücke oder Repräsentanten der Zahlen 1, 2, 3 anzusehen sind. Innere Produkte sind dann Summen der Form

$$\sum_i A_i X_i, \quad \sum_i A_{ij} X_i \text{ oder } \sum_j A_{ij} X_j, \quad \sum_i A_{ijk} X_i \text{ oder}$$
$$\sum_j A_{ijk} X_j \text{ oder } \sum_k A_{ijk} X_k \text{ usw.}$$

Man sieht: Der Summationsindex ist in allen Fällen zweimal vorhanden und wenn man übereinkommt, über solche in einem Glied doppelt vorkommende Indizes stets automatisch von 1 bis 3 zu summieren, ohne daß eigens ein Summenzeichen angeschrieben wird, so nehmen die obigen inneren Produkte das recht einfache Aussehen an:

$$A_i X_i, \quad A_{ij} X_i, \quad A_{ij} X_j, \quad A_{ijk} X_i, \quad A_{ijk} X_j, \quad A_{ijk} X_k. \tag{II}$$

Die Zweckmäßigkeit dieses Summationsübereinkommens ist durch die Praxis des Rechnens in jeder Hinsicht erwiesen. Die besonderen Eigenschaften der durch Tensoren vermittelten Zuordnung von Vektoren (oder Tensoren), von denen wir oben gesprochen haben, drücken sich in dieser Schreibweise klar und deutlich darin aus, daß alle Ausdrücke (II) in den Koordinaten des Vektors $X_i$ linear und homogen sind. Wir haben aber noch etwas anderes erreicht: Die Koordinaten von Tensoren sind gewöhnliche Zahlen und die Rechenoperationen, die in den Ausdrücken (II) mit diesen Zahlen auszuführen sind, sind die gewöhnliche Addition und Multiplikation, wie sie in der elementaren Arithmetik gelehrt werden. Denn $A_i X_i$ ist nichts anderes als $A_1 X_1 + A_2 X_2 + A_3 X_3$. Wenn wir das Summationsübereinkommen akzeptieren, so ist durch die Schreibweise $A_i X_i$ des inneren Produktes der beiden Vektoren $A_i$ und $X_i$ auch schon ganz genau und eindeutig gesagt, wie dieser Skalar aus den Koordinaten der beiden Vektoren zu berechnen ist. Darin liegt nicht mehr Symbolik, als wir es in anderen Gebieten der Mathematik gewohnt sind.

Wir haben schon erwähnt, daß die Schreibweise (I) für Tensoren — im wesentlichen — identisch ist mit der in der allgemeinen Tensorrechnung verwendeten; die Unterschiede sind nur dadurch bedingt, daß wir hier den euklidischen Raum zugrunde legen und daher einige Vereinfachungen vornehmen können. Die formale Methode, die sich aus dieser Spezialisierung ergibt und die wir hier für das innere Produkt kurz skizziert haben, ist eben nichts anderes als die Anpassung der allgemeinen Methoden auf den besonderen Fall des dreidimensionalen euklidischen Raumes[1]. Wohlgemerkt: Die formale Methode ist anders als die gebräuchliche Symbolik, aber der sachliche Inhalt ist genau derselbe. Es bleibt bei der anschaulichen Deutung des Vektors als orientierte Strecke im Raum, aber der Vektor wird nicht durch ein Symbol $\mathfrak{a}$ dargestellt, sondern durch seine drei Koordinaten. Wir sagen: Ein Vektor $A_i$ ist ein System von drei Zahlen ($A_1$, $A_2$, $A_3$), die im einzelnen seine Koordinaten heißen und sich bei einer Änderung des Koordinatensystems in einer ganz bestimmten Weise transformieren. Dieses Transformationsgesetz, das sich aus der geometrischen Deutung des Vektors als orientierte Strecke ergibt, ist wesentlich. Man kann nicht ohne weiteres drei Zahlen als Koordi-

[1] Daß diese Anpassung ein durchaus brauchbares Rechenverfahren für den euklidischen Raum ergibt, darauf hat der eine von uns schon vor Jahren hingewiesen: A. Duschek, „Über symbolfreie Vektorrechnung", Jahresberichte der Deutschen Mathematikervereinigung 39 (1930).

naten eines Vektors ansehen, sondern nur dann, wenn man weiß, daß sie sich bei einer Änderung des Koordinatensystems dem Gesetz entsprechend transformieren. Entsprechendes gilt für Tensoren.

Häufig deutet man physikalische Zusammenhänge geometrisch, aber auch wenn man dann geometrische Begriffe verwendet, von Kurven, Geraden, Längen und Winkeln redet, so treibt man deshalb noch keine Geometrie. Man wird in solchen Fällen mitunter auch die Methoden der Tensorrechnung mit Vorteil verwenden können, ohne daß man es aber dann wirklich mit Tensoren zu tun hat. Wenn auf einer Welle drei Schwungmassen sitzen, so kann uns nichts hindern, diese Massen mit $M_i$ zu bezeichnen. Aber es ist einfach falsch, zu sagen, daß diese drei Zahlen $M_i$ die Koordinaten eines Vektors sind, und vor allem, man hat nichts davon. Wenn ein Strom $I$ durch einen Widerstand $R$ fließt, so ist die Leistung $N = R I^2$. Deutet man $I$ und $N$ als Koordinaten in einem rechtwinkeligen ebenen Koordinatensystem, so ist der funktionale Zusammenhang zwischen $I$ und $N$ bei konstantem $R$ durch eine Parabel dargestellt, aber es ist noch keinem Menschen eingefallen, deshalb zu sagen, daß diese Leistung eine Parabel sei. Daß man hier nicht Geometrie treibt, erkennt man am deutlichsten daran, daß die Koordinaten $N$ und $I$ selbst eine physikalische Bedeutung haben, also Skalare sind und daß daher eine Koordinatentransformation völlig sinnlos ist, weil sie die physikalische Bedeutung der Koordinaten, auf die es gerade ankommt, zerstören würde. Wenn es aber keine Koordinatentransformation gibt, dann sind wir auch nicht in der Lage festzustellen, ob irgendein Ding ein Vektor ist oder nicht, weil wir das Verhalten der Koordinaten dieses Dinges bei einer Koordinatentransformation nicht nachprüfen können.

Wir stellen uns also in diesem Buche die Aufgabe, eine Methode der Tensorrechnung für den dreidimensionalen euklidischen Raum in enger Anlehnung an die Methoden der analytischen Geometrie zu entwickeln. Wir sind überzeugt, daß diese „analytische Methode" der Tensorrechnung, die sich in den allgemeinen Räumen so gut bewährt hat, der symbolischen Methode in jeder Hinsicht überlegen ist, vor allem, weil sie den sachlichen Schwierigkeiten der geometrischen und physikalischen Probleme keine überflüssigen formalen Schwierigkeiten hinzufügt: Die großen formalen Schwierigkeiten der symbolischen Methode sind unseres Erachtens die alleinige Ursache, weshalb sich die Tensorrechnung bisher in den Anwendungen so wenig hat durchsetzen können. Zweifellos lassen sich die einfachsten Verknüpfungen, das innere und äußere Produkt von Vektoren, symbolisch viel einfacher anschreiben als in Koordinaten. Zweifellos erfordert auch das Rechnen mit den Indizes eine gewisse Übung und Vertrautheit, aber wir glauben, daß man sich diese Übung und Vertrautheit leicht aneignet, viel leichter jedenfalls, als die Vertrautheit mit den verwickelten und nichtssagenden Symbolen der angeblich koordinatenfreien „direkten" Methode. Der ganze Rechenapparat der analytischen Methode läßt sich auf die folgenden vier grundlegenden Punkte zurückführen, nämlich:

1. Das Summationsübereinkommen, wonach über jeden Index, der in einem Glied zweimal vorkommt, automatisch von 1 bis 3 zu summieren ist.

2. Der „$\delta$-Tensor" $\delta_{ij}$, ein Tensor zweiter Stufe, der mit dem in der Mathematik als das „Kroneckersche $\delta$" bezeichneten System von neun Zahlen identisch ist und dessen Koordinaten den Wert 1 oder 0 haben, je nachdem die Indizes gleich oder verschieden sind.

3. Der „$\varepsilon$-Tensor" $\varepsilon_{ijk}$, also ein Tensor dritter Stufe, dessen Koordinaten bei entsprechender Orientierung des Koordinatensystems die Werte $+1$ oder $-1$ haben, wenn $i\,j\,k$ eine gerade oder ungerade Permutation der Zahlen 1, 2, 3 ist, während alle Koordinaten mit mindestens zwei gleichen Indizes verschwinden.

4. Die Tatsache, daß das Differentiationszeichen $\frac{\partial}{\partial x_i}$ sich wie ein Vektor verhält, d. h. daß $\frac{\partial A_{ijk\ldots}}{\partial x_p}$ ein Tensor $(m+1)$-ter Stufe ist, wenn $A_{ijk\ldots}$ ein Tensor $m$-ter Stufe ist. Es ist mit dem „symbolischen Vektor $\nabla$ (Nabla)" der symbolischen Methode identisch.

Während man das innere Produkt von zwei Vektoren $A_i$ und $B_i$ mit Hilfe des $\delta$-Tensors in der Form $\delta_{ij}\,A_i\,B_j$ schreiben kann, ist das äußere Produkt mit Hilfe des $\varepsilon$-Tensors durch $\varepsilon_{ijk}\,A_i\,B_j$ gegeben. Das sieht auf den ersten Blick einigermaßen schwerfällig aus, besonders im Vergleich zu dem einfachen Symbol $[\mathfrak{a}\,\mathfrak{b}]$. Aber wenn man sich ein wenig mit den Indizes vertraut gemacht hat, so wird man die großen Vorteile der scheinbar so schwerfälligen Schreibweise bald erkennen. Dazu kommt — und das ist das Entscheidende —, *daß man allgemein eine Zu-*

*ordnung, bei der zwei gegebenen Vektoren ein dritter entspricht, gar nicht anders schreiben kann als mit Hilfe eines Tensors dritter Stufe in der Form* $Z_i = A_{ijk} X_j Y_k$. Wir möchten in diesem Zusammenhang auch noch darauf hinweisen, daß alle Formeln (nicht die Definitionen) der Tensorrechnung sich in einer viel allgemeineren Form als unter Benützung der symbolischen Methode als Relationen zwischen dem Vektor $\frac{\partial}{\partial x_i}$ und den beiden Tensoren $\delta_{ij}$ und $\varepsilon_{ijk}$ schreiben lassen. So tritt an Stelle des sogenannten Entwicklungssatzes der symbolischen Methode hier die Formel

$$\varepsilon_{ijk}\,\varepsilon_{ihl} = \delta_{jh}\,\delta_{kl} - \delta_{kh}\,\delta_{jl}, \qquad \text{(III)}$$

die im übrigen so ziemlich die einzige Formel ist, die man auswendig lernen soll. Gegenüber der symbolischen Form

$$[[\mathfrak{a}\,\mathfrak{b}]\,\mathfrak{c}] = (\mathfrak{a}\,\mathfrak{c})\,\mathfrak{b} - (\mathfrak{b}\,\mathfrak{c})\,\mathfrak{a}$$

ist (III) nur mehr eine Art Gerippe, da keine speziellen Vektoren in (III) eingehen. Die Theorie der Felder, die sogenannte „Vektoranalysis", wird durch den obigen Punkt 4 beherrscht, ja fast erschöpft. Was durch die Symbole grad, div und rot, die wieder gar nichts über ihre Bedeutung aussagen, bezeichnet wird, bekommt hier die Form

$$\frac{\partial A}{\partial x_i}, \quad \frac{\partial A_i}{\partial x_i}, \quad \varepsilon_{ijk}\frac{\partial A_j}{\partial x_i}. \qquad \text{(IV)}$$

Der erste Ausdruck ist der Gradient des Skalars $A$, der zweite die Divergenz und der dritte der Rotor des Vektors $A_i$; wie diese Größen aus $A$ bzw. $A_i$ zu berechnen sind, ist durch die Ausdrücke (IV) ganz eindeutig und in einer ohne weiteres verständlichen Weise angegeben.

Wir wollen uns hier mit diesen Andeutungen begnügen. Sie dürften die Absicht, die wir mit diesem Buche verfolgen, hinreichend klargelegt haben. Um dem Leser, der mit der symbolischen Methode schon etwas vertraut ist, den Übergang zu erleichtern und zum Zwecke des Vergleichs werden wir die wichtigeren Formeln stets auch in symbolischer Form anschreiben und daran gelegentlich wohl auch kritische Bemerkungen knüpfen. Die Entscheidung, welche Methode die bessere ist, wollen wir dann letzten Endes dem Leser überlassen. Wir sind jedenfalls der Meinung, daß eine formale Methode immer nur Mittel zum Zweck ist und nur so lange eine Existenzberechtigung hat, als sie diesen Zweck auch auf die einfachste Art erreicht.

Erster Teil

# Tensoralgebra

## § 1. Der Gegenstand der Tensorrechnung

Wohl das wichtigste Anwendungsgebiet der Algebra und Analysis ist die Beschreibung der Zusammenhänge geometrischer und physikalischer Größen. Die einfachsten dieser Größen sind durch die Angabe ihrer Maßzahlen, d. h. durch ihre Verhältnisse zu festgewählten Einheiten vollständig beschrieben, und ihre Zusammenhänge lassen sich als funktionale Abhängigkeiten ihrer (variablen) Maßzahlen darstellen. Beispiele solcher Größen sind Längen, Winkel, Massen, Zeit- oder Temperaturspannen. Aber es gibt noch andere Arten von Größen, die sich nicht in so einfacher Weise beschreiben lassen. So können z. B. zwei Kräfte ihren Beträgen nach sehr wohl übereinstimmen, aber trotzdem in ihren Wirkungen verschieden sein, weil sie verschiedene Richtungen aufweisen. Das gleiche gilt für sehr viele geometrische und physikalische Größen, wie z. B. Weg, Geschwindigkeit, Beschleunigung, elektrische und magnetische Feldstärke usw. In manchen Fällen reichen aber auch Maßzahl und Richtung für die Beschreibung nicht aus, wie z. B. bei der Deformation eines Körpers oder bei dem Strömungszustand einer Flüssigkeit. Beide fassen wir ebenfalls als physikalische Größen auf; um sie zu beschreiben, müssen wir aber eine noch größere Anzahl von Angaben zu Hilfe nehmen. Wir können z. B. im Fall der Deformation das Parallelepiped betrachten, welches durch die Deformation aus einem bestimmten Würfel hervorgegangen ist oder in einem Strömungsfeld das Parallelepiped, in das sich ein würfelförmiges Flüssigkeitsteilchen in der Zeiteinheit verwandelt.

Versuchen wir eine Einteilung dieser verschiedenen Arten von Größen zu geben, so ist es naheliegend, sie nach der möglichen Zuordnung zu mathematischen Dingen zu unterscheiden. Bei den

Größen der ersten Art kann man, wie schon erwähnt, jedem möglichen Wert eine Zahl zuordnen. Solche Größen bezeichnet man als *skalare Größen* oder *Skalare.* Bei der zweiten erwähnten Art, wo Zahl und Richtung gegeben sein müssen, kann man jedem möglichen Wert eine Strecke im Raum zuordnen; solche Größen nennt man *vektorielle Größen* oder *Vektoren.* Den Größen der dritten erwähnten Art kann man die von einer Ecke des Parallelepipedes ausgehenden Kanten zuordnen; wir nennen solche Größen *Tensoren,* und zwar im besonderen *Tensoren zweiter Stufe.* Man faßt nämlich alle diese Größen unter der gemeinsamen Bezeichnung Tensoren zusammen und bezeichnet die Skalare auch als Tensoren nullter Stufe, die Vektoren als Tensoren erster Stufe und dann die Tensoren im engeren Sinn als solche zweiter Stufe. Es gibt auch Tensoren höherer Stufe, für die allerdings anschauliche Deutungen geometrischer Natur nur schwierig zu geben sind. Sie werden, wie übrigens auch meist schon die Tensoren zweiter Stufe, weniger durch irgendwelche geometrische Gebilde, die sich ihnen zuordnen lassen, als vielmehr mit Hilfe der durch sie hergestellten Verknüpfungen von Tensoren niedrigerer Stufen eingeführt und behandelt. Über das Rechnen mit Skalaren ist weiter nichts zu sagen. Skalare sind Zahlen, und wie man mit Zahlen — festen oder variablen — rechnet, wird in der Algebra und Analysis gezeigt. Anders steht es aber mit den Tensoren erster und höherer Stufe. Für die mathematische Behandlung dieser Größen, vor allem der Vektoren, wurde die sogenannte *Vektorrechnung* entwickelt, die im wesentlichen ein geometrisches Rechenverfahren ist, dessen Objekte Strecken sind. Die Vektorrechnung führt aber ganz zwangsläufig auch zur Betrachtung von Tensoren höherer Stufe. Wir ziehen es daher vor, allgemein von *Tensorrechnung* zu sprechen. Noch ein anderer Grund ist uns für diese Abweichung von der gebräuchlichen Bezeichnung maßgebend, nämlich der Umstand, daß wir unseren Darlegungen hier eine Schreibweise zugrunde legen, die sich von der sonst in der Vektorrechnung üblichen unterscheidet und sich eng an die Methoden der analytischen Geometrie anschließt, so daß wir hier von einer analytischen Darstellung der Tensorrechnung sprechen können. Für eine nähere Information verweisen wir auf die Einleitung, die sich vor allem an den Leser wendet, der mit der symbolischen Methode schon ein wenig vertraut ist.

## § 2. Punkte, Strecken und Vektoren

Wir legen unseren Entwicklungen den uns allen wohlvertrauten dreidimensionalen euklidischen Raum zugrunde, der das beste und einfachste mathematische Abbild des Raumes unserer Sinnenwelt ist, in dem sich die physikalischen Vorgänge — von modernen Theorien abgesehen — und alle technischen Anwendungen abspielen.

Zur Beschreibung geometrischer und physikalischer Beziehungen benützt man das dem euklidischen Raum angepaßte kartesische Koordinatensystem, das durch drei aufeinander senkrechte Koordinatenachsen mit gleichen Einheitsstrecken gekennzeichnet ist. In einem solchen Koordinatensystem ist dann jeder Punkt $P$ durch die Angabe von drei Zahlen, seinen Koordinaten, festgelegt, die die Abstände der senkrechten Projektionen von $P$ auf die drei Achsen vom Ursprung sind und in der Regel mit $x, y, z$ bezeichnet werden (Abb. 1a). Aus bestimmten Gründen ziehen wir es aber vor, die drei Koordinaten mit $x_1, x_2, x_3$ zu bezeichnen (Abb. 1b). Wir können sie dann in einem Zeichen $x_i$ zusammenfassen, wobei der Index $i$ die drei Werte 1, 2 und 3 annehmen kann und gewissermaßen der *Repräsentant* dieser Zahlen ist. Wir sprechen dann auch kurz vom Punkt $x_i$. An Stelle von $i$ werden wir mitunter auch irgendeinen anderen Buchstaben, vorzugsweise $h, j, k, l, p, q, r, s, t$ verwenden; $x_k$ oder $x_q$ ist genau dasselbe wie $x_i$. Gelegentlich verwenden wir auch griechische Indizes. Sie alle sind, wenn nichts anderes angegeben ist, Repräsentanten der drei Zahlen 1, 2, 3.

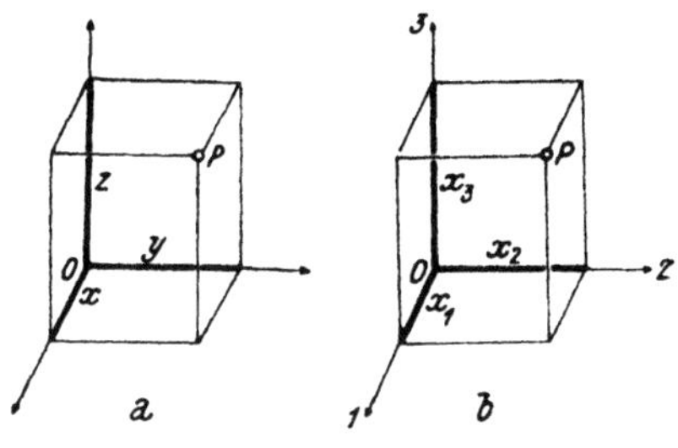

Abb. 1

Die Koordinatenachsen, die wir kurz 1-, 2- und 3-Achse nennen, denken wir uns in der Regel so orientiert, wie es in Abb. 1b angedeutet ist, nämlich so, daß eine Drehung der (positiven) 1-Achse in die 2-Achse, verbunden mit einer geradlinigen Fortbewegung in der Richtung der 3-Achse die Bewegung einer Rechtsschraube ergibt. Solche Systeme nennen wir *positiv orientiert* oder kurz *Rechtssysteme*. Kehrt man die Orientierung einer der drei Achsen um, so ergibt sich ein ***negativ orientiertes*** oder ***Linkssystem***, bei dem die oben geschilderte Bewegung die einer Linksschraube ist.

Um mit Hilfe unseres Koordinatensystems eine Strecke anzugeben, genügt es, ihren Anfangspunkt und ihren Endpunkt zu nennen. Sind das die beiden Punkte $x_i$ und $y_i$ (Abb. 2), so können wir die Projektionen $A_1$, $A_2$, $A_3$ der Strecke auf die Koordinatenachsen, die wir die Koordinaten der Strecke nennen, durch die Koordinaten der Punkte $x_i$ und $y_i$ ausdrücken. Dann ist

$$A_i = y_i - x_i. \qquad (2,01)$$

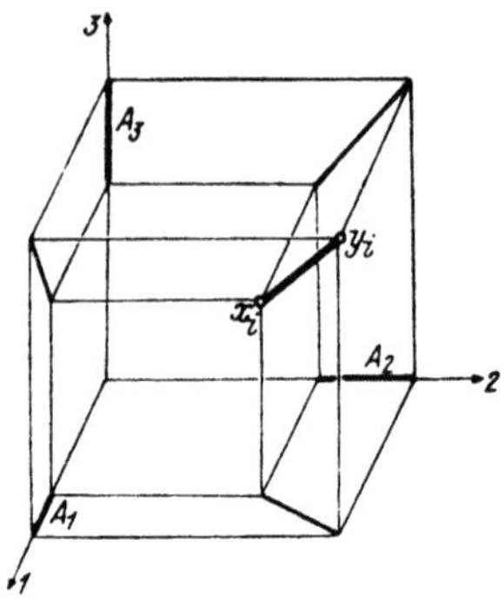


Abb. 2

Wir erkennen, daß der Strecke eine bestimmte *Orientierung*[1] (Durchlaufungssinn) eigentümlich ist, denn wenn wir Anfangs- und Endpunkt vertauschen, so ändern die Koordinaten ihr Vorzeichen und die Strecke $A_i$ geht in die Strecke $-A_i$ über.

In der Elementargeometrie wird ein etwas anderer Streckenbegriff verwendet, bei dem es auf die Orientierung nicht ankommt. Soll dieser Unterschied besonders hervorgehoben werden, so nennen wir (2, 01) eine *orientierte Strecke.*

Die (orientierte) Strecke ist durch die Angabe des *geordneten Punktepaares* $x_i$, $y_i$ eindeutig bestimmt. Dabei verstehen wir unter dem Wort „geordnet", daß der erste Punkt $x_i$ des Paares der Anfangspunkt und der zweite Punkt $y_i$ der Endpunkt der Strecke ist. Umgekehrt ist aber das Punktepaar durch die Strecke nicht eindeutig bestimmt, denn wenn die Zahlen $A_i$ gegeben sind, so können wir einen der Punkte $x_i$ oder $y_i$ beliebig wählen, d. h. wir können jeden Punkt des Raumes zum Anfangs- oder Endpunkt der Strecke machen. Die Strecke ist also nicht an einen bestimmten Anfangspunkt gebunden, sondern kann im Raum beliebig parallel zu sich verschoben werden.

Formal ist die Strecke genau so wie ein Punkt durch die Angabe von drei Koordinaten gegeben. Trotzdem besteht zwischen

[1] Wir unterscheiden zwischen *Richtung* und *Orientierung. Richtung* einer Geraden ist das, was alle zu ihr parallelen Geraden gemeinsam haben. Auf einer Geraden gibt es zwei *Orientierungen* (Durchlaufungssinne, Richtungssinne).

beiden ein wesentlicher Unterschied. Gehen wir nämlich von einem rechtwinkeligen Koordinatensystem zu einem anderen über, so verhalten sich Punktkoordinaten ganz anders als Streckenkoordinaten. In Abb. 3 sind zwei Koordinatensysteme gezeichnet, deren Achsen zueinander parallel sind. Das eine hat die Koordinatenachsen 1, 2, 3, während die des anderen mit $\bar{1}, \bar{2}, \bar{3}$ bezeichnet sind. Der Ursprung des zweiten Systems hat im ersten System die Koordinaten $b_i$. Zwischen den Koordinaten eines Punktes in beiden Systemen besteht dann folgender Zusammenhang:

$$x_i = \bar{x}_i + b_i. \qquad (2, 02)$$

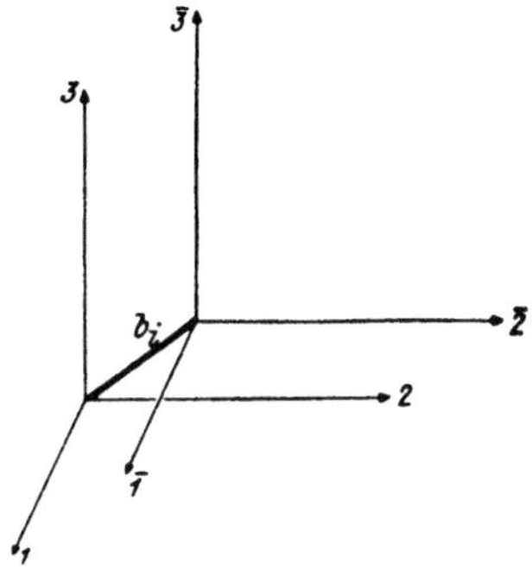

Abb. 3

Suchen wir die Koordinaten einer Strecke $A_i$ in beiden Systemen, so finden wir:

$$A_i = y_i - x_i = \bar{y}_i + b_i - (\bar{x}_i + b_i), \quad A_i = \bar{y}_i - \bar{x}_i = \bar{A}_i. \quad (2,03)$$

Während sich also die Koordinaten eines Punktes bei einer Parallelverschiebung des Koordinatensystems gemäß (2, 02) ändern, bleiben die einer Strecke nach (2, 03) unverändert.

Als *Vektor* im eigentlichen Sinn wollen wir nun eine Größe bezeichnen, die sich einer Strecke umkehrbar eindeutig zuordnen läßt. Ein Vektor $A_i$ ist also durch ein System von drei Zahlen, seinen *Koordinaten*[1] gegeben, was wir durch die Schreibweise

$$\boxed{A_i = (A_1, A_2, A_3)} \qquad (2, 04)$$

zum Ausdruck bringen. Diese drei Koordinaten müssen sich bei einer Transformation des Koordinatensystems genau so verhalten wie die Koordinaten einer Strecke, d. h. bei einer Parallelverschiebung des Koordinatensystems ungeändert bleiben.

Eine Strecke, deren Anfangspunkt der Ursprung des Koordinatensystems und deren Endpunkt ein beliebiger Punkt $x_i$ des Raumes ist, nennen wir entweder *Punkt* $x_i$ schlechthin oder auch, einem vielfach geübten Gebrauch folgend, *Ortsvektor*. Man muß sich aber vor Augen halten, daß Ortsvektoren keine Vektoren im strengen Sinn sind, denn die Koordinaten des Ortsvektors sind

[1] Vgl. hierzu die Fußnote S. 6.

die Koordinaten $x_i$ seines Endpunktes $x_i$, die sich bei einer Änderung des Koordinatensystems anders als Vektorkoordinaten, sich also z. B. bei einer Parallelverschiebung gemäß (2, 02) ändern und nicht wie (2, 03) ungeändert bleiben.

Eine *skalare Größe* oder ein *Skalar* ist dann dadurch charakterisiert, daß er durch eine einzige Zahl dargestellt ist, die bei allen Änderungen des Koordinatensystems ungeändert bleibt oder, wie man auch sagt, gegenüber Änderungen des Koordinatensystems *invariant* ist. Solche Größen werden daher auch als *Invarianten*[1] bezeichnet.

Wir benutzen die Bezeichnung $A_i$ für einen Vektor in einer doppelten Bedeutung, nämlich einmal für die Zusammenfassung seiner drei Koordinaten $A_1$, $A_2$, $A_3$ und weiter als Namen des betreffenden Vektors, wobei wir mit der ersten Bedeutung unsere Rechnungen in einfacher Weise durchführen können. Es kann gelegentlich zweckmäßig sein, *Namen* und *Rechengrößen* verschieden zu bezeichnen, so wie man einem Punkt den Namen $P$ gibt, aber mit seinen Koordinaten $x_i$ rechnet. Solange aber kein besonderer Anlaß dazu vorliegt, wird man die Rechengröße auch als Namen benutzen, also z. B. auch vom Punkt $x_i$ sprechen.

In der symbolischen Schreibweise geht man gerade umgekehrt vor. Man bezeichnet die Namen der Vektoren mit gotischen Buchstaben, also z. B. $\mathfrak{A}$ oder für die Ortsvektoren $\mathfrak{x}$ oder $\mathfrak{y}$. Man „rechnet" dann mit diesen Namen und muß spezielle Vereinbarungen für die Bedeutung der Formeln treffen, da ein direkter Aufbau auf der Algebra gewöhnlicher Zahlen, so wie wir es bei den Koordinaten machen können, nicht möglich ist. Das Verhalten gegenüber Koordinaten spielt in der symbolischen Vektorrechnung keine grundlegende Rolle, da ja die Rechnungen „unabhängig" vom Koordinatensystem sein sollen.

Man kann eine brauchbare Beziehung der beiden Schreibweisen herstellen, wenn man $\mathfrak{A}$ als Abkürzung für $A_i$ betrachtet. In diesem Sinn dürfen wir schon jetzt an Stelle von (2, 01)

$$\mathfrak{A} = \mathfrak{y} - \mathfrak{x}$$

[1] Manchmal heißt alles Skalar, was sich durch die Angabe einer einzigen Zahl festlegen läßt. Dann sind z. B. auch die Koordinaten von Punkten oder Vektoren Skalare, obwohl sie gegenüber Änderungen des Koordinatensystems nicht invariant sind. Aber dann wird das Wort „Skalar" völlig gleichbedeutend mit „Zahl" und daher überflüssig.

schreiben, ohne die bei einer symbolischen Betrachtungsweise dazu notwendigen, erst im folgenden Paragraphen gewonnenen Gesetze der Vektoraddition kennen zu müssen.

Aufgabe

Es ist der durch die Punkte $x_i = (1, 0, 0)$ und $y_i = (0, 1, 0)$ gegebene Vektor $A_i$ zu bestimmen. Es sind die Koordinaten $\bar{x}_i$, $\bar{y}_i$ und $\bar{A}_i$ zu berechnen, die sich durch die Transformation

$$x_i = \bar{x}_i + b_i$$

mit $b_i = (2, 3, 1)$ ergeben.

## § 3. Addition von Vektoren. Produkt eines Vektors mit einem Skalar

Unter der Summe zweier Vektoren $A_i$ und $B_i$ versteht man jenen Vektor $C_i$, dessen Koordinaten gleich der Summe der Koordinaten der beiden gegebenen Vektoren sind. Also:

$$C_i = A_i + B_i. \qquad (3, 01)$$

Stellt man die Vektoren $A_i$ und $B_i$ durch Punktepaare im Sinne von (2, 01) dar und wählt dabei den Anfangspunkt des Vektors $B_i$ gleich dem des Endpunktes von $A_i$, so findet man die geometrische Deutung der Vektoraddition. Aus

$$A_i = y_i - x_i$$

und

$$B_i = z_i - y_i$$

folgt nämlich

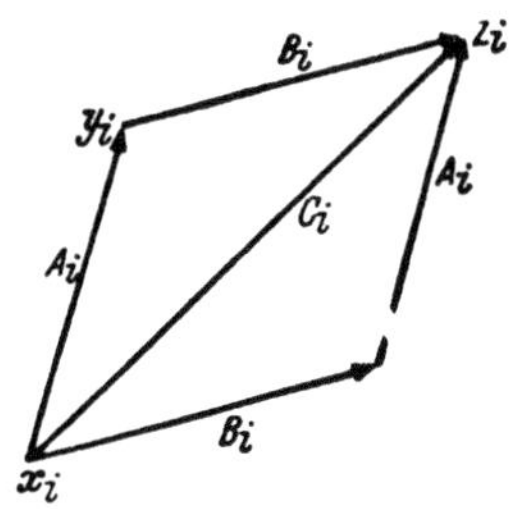


Abb. 4

$$C_i = A_i + B_i = y_i - x_i + z_i - y_i = z_i - x_i. \qquad (3, 02)$$

Diese Gleichung sagt aus, daß man den Summenvektor durch Aneinanderfügen der einzelnen Vektoren findet (Abb. 4). Man bezeichnet dies als *geometrische Addition* oder als den *Satz vom Vektorparallelogramm*; $C_i$ ist die Diagonale des Parallelogramms mit den Seiten $A_i$ und $B_i$. Aus der oben gegebenen Definition folgt sofort das kommutative Gesetz:

$$C_i = A_i + B_i = B_i + A_i \qquad (3, 03)$$

und ebenso das assoziative Gesetz:

$$(A_i + B_i) + D_i = A_i + (B_i + D_i), \qquad (3, 04)$$

denn es handelt sich ja hier nur um die Addition von gewöhnlichen Zahlen, für die die beiden Gesetze selbstverständlich gelten.

In der symbolischen Schreibweise tritt an die Stelle von (3, 01) die Gleichung

$$\mathfrak{C} = \mathfrak{A} + \mathfrak{B}.$$

Dabei muß $\mathfrak{C}$ mit Hilfe des Vektorparallelogramms definiert werden, denn ohne eine solche zusätzliche Definition läßt sich über $\mathfrak{A} + \mathfrak{B}$ nichts aussagen. (3, 01) bedarf keiner zusätzlichen Definition, das Vektordiagramm stellt nur eine geometrische Veranschaulichung dar.

Unter dem *Produkt eines Vektors* $A_i$ *mit einem Skalar* $\lambda$ verstehen wir den Vektor

$$B_i = \lambda A_i, \tag{3, 05}$$

dessen Koordinaten sich also durch Multiplikation der entsprechenden Koordinaten von $A_i$ mit $\lambda$ ergeben. Wir sagen, daß $B_i$ dieselbe *Richtung* wie $A_i$ hat und verstehen unter Richtung[1] eines Vektors das, was allen zu dem Vektor parallelen Geraden gemeinsam ist. Auf einer Richtung lassen sich zwei *Orientierungen* (Durchlaufungssinne) unterscheiden. Bei einem Vektor sind durch die Angabe der Koordinaten Richtung und Orientierung bestimmt. Bei $\lambda < 0$ behält $B_i = \lambda A_i$ wohl die Richtung, aber nicht die Orientierung von $A_i$ bei.

Schreibt man $\mathfrak{B} = \lambda \mathfrak{A}$ an Stelle von (3, 05), so braucht man ohne Bezug auf die Koordinaten ebenfalls zusätzliche Definitionen, nämlich die Festlegungen, daß $\mathfrak{B}$ richtungsgleich mit $\mathfrak{A}$ sein soll und daß der (bisher noch nicht erklärte) Betrag von $\mathfrak{B}$ gleich dem $\lambda$-fachen Betrag von $\mathfrak{A}$ sein soll.

Für $\lambda = -1$ wird insbesondere

$$B_i = -A_i. \tag{3, 06}$$

Stellen wir den Vektor $A_i$ nach (2, 01) durch das geordnete Punktepaar $x_i$, $y_i$ dar, so wird

$$B_i = -(y_i - x_i) = x_i - y_i,$$

d. h. $B_i = -A_i$ ist dargestellt durch das geordnete Punktepaar $y_i$, $x_i$. Anfangs- und Endpunkt von $A_i$ sind bei $-A_i$ vertauscht. Wir sagen $-A_i$ sei entgegengesetzt gleich $A_i$. Die Orientierung der den Vektor $A_i$ darstellenden Strecke kehrt sich um.

---

[1] Siehe Fußnote S. 16.

So wie wir die Addition der Vektoren auf die Addition ihrer Koordinaten zurückgeführt haben, ist dies auch bei der Subtraktion möglich und es ist:

$$C_i = A_i - B_i. \qquad (3, 07)$$

Die geometrische Bedeutung ergibt sich, wenn man die Endpunkte der beiden Vektoren gleich wählt (Abb. 5). Aus

$$A_i = y_i - x_i$$

und

$$B_i = y_i - u_i$$

folgt hier

$$C_i = A_i - B_i = (y_i - x_i) - (y_i - u_i),$$

also

$$C_i = u_i - x_i. \qquad (3, 08)$$

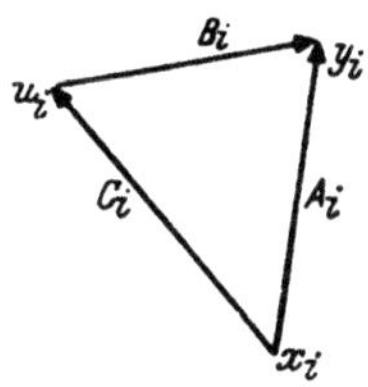


Abb. 5

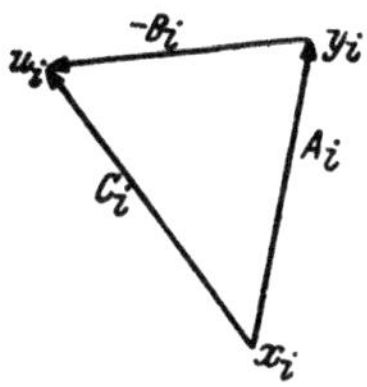


Abb. 6

Man kann die Subtraktion auch auf die Addition des entgegengesetzt gleichen Vektors zurückführen:

$$C_i = A_i - B_i = A_i + (-B_i) \qquad (3, 09)$$

(vgl. Abb. 6).

Die Formeln (3, 01), (3, 03), (3, 07) und (3, 09) gehen in die entsprechenden der symbolischen Schreibweise über, wenn man $\mathfrak{A}$ an Stelle von $A_i$, $\mathfrak{B}$ an Stelle von $B_i$ usw. schreibt.

Ist $B_i = A_i$, so folgt aus (3, 09) $C_i = 0$, die Punkte $x_i$ und $u_i$ fallen zusammen. Aus Zweckmäßigkeitsgründen wollen wir einen Vektor, dessen sämtliche Koordinaten verschwinden und der eigentlich kaum mehr als Vektor zu bezeichnen ist, *Nullvektor* nennen. Da der Anfangspunkt jedes Vektors willkürlich wählbar ist und beim Nullvektor der Endpunkt mit dem Anfangspunkt zusammenfällt, gibt es überhaupt nur einen einzigen Nullvektor im ganzen Raum. Wir bemerken übrigens, daß alle geometrischen und physikalischen Aussagen sich analytisch durch das Verschwinden von Tensoren ausdrücken lassen, so daß auch dadurch die Einführung des Begriffes des Nullvektors und allgemeiner des Nulltensors gerechtfertigt erscheint. Ein Beispiel dazu werden wir zu Beginn des nächsten Paragraphen geben.

Aufgaben

1. Zu zeigen: Die Mittelpunkte der Seiten eines beliebigen Vierecks sind Eckpunkte eines Parallelogramms.

2. Zu zeigen: Die Schwerlinien eines Dreiecks lassen sich nach Größe und Richtung zu einem Dreieck zusammensetzen.

## § 4. Lineare Abhängigkeit von Vektoren

Wir knüpfen an eine einfache Fragestellung der Statik an. Wenn in einem Punkt $P$ eine Anzahl von Kräften angreift, die wir uns durch die Vektoren $A_i$, $B_i$, $C_i$ usw. dargestellt denken

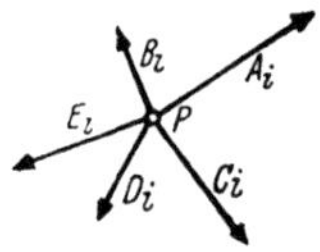


Abb. 7

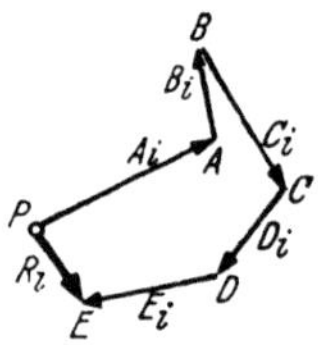


Abb. 8

(Abb. 7), so ergibt sich ihre Summe durch geometrische Addition dieser Vektoren. Dabei hat man in wiederholter Anwendung des Satzes vom Vektorparallelogramm die Vektoren aneinanderzureihen, so daß sich durch geeignete Parallelverschiebungen ein im allgemeinen offenes Polygon $P\,A\,B \ldots E$ ergibt (Abb. 8).

Der von $P$ nach $E$ weisende Vektor $R_i = A_i + B_i + C_i + \ldots$ heißt dann die *Resultierende* (Satz vom Vektorpolygon); umgekehrt nennt man $A_i$, $B_i$, $C_i$ usw. *Komponenten* von $R_i$. Die gegebenen Kräfte sind im Gleichgewicht, wenn $E$ mit $P$ zusammenfällt, d. h. wenn das Vektorpolygon geschlossen ist. $R_i$ ist dann der Nullvektor, der Gleichgewichtszustand ist also durch das Verschwinden eines Vektors charakterisiert (vgl. den Schluß von § 3). Auf die Reihenfolge, in der wir die Vektoren aneinanderreihen, kommt es dabei wegen der Gültigkeit des kommutativen und assoziativen Gesetzes (3, 03 und 3, 04) nicht an.

Wir stellen uns nun die Frage, ob und unter welchen Bedingungen es möglich ist, das Gleichgewicht der in $P$ angreifenden Kräfte dadurch herzustellen, daß wir die Kräfte, bzw. die sie darstellenden Vektoren mit geeignet gewählten Faktoren $\lambda$, $\mu$, $\nu$ usw. multiplizieren. Die Frage ist also, ob es möglich ist, Zahlen $\lambda$, $\mu$, $\nu$ usw. zu finden, so daß

$$\lambda A_i + \mu B_i + \nu C_i + \ldots = 0 \tag{4, 01}$$

ist. Gibt es solche Zahlen, so heißen die gegebenen Vektoren $A_i$, $B_i$, $C_i$ usw. *linear abhängig*. Man kann dann die Koordinaten jedes der Vektoren $A_i$, $B_i$, $C_i$ usw. aus den Koordinaten der übrigen Vektoren berechnen, doch müssen wir dabei den trivialen Fall ausschließen, daß wir einfach alle Zahlen $\lambda = \mu = \nu = \ldots = 0$ setzen, denn dann wäre (4, 01) in einer höchst wenig interessierenden Weise erfüllt.

Vom algebraischen Standpunkt aus ist die Frage leicht zu beantworten. (4, 01) ist ein System von drei homogenen linearen Gleichungen für die Unbekannten $\lambda, \mu, \nu \ldots$, und die Bedingungen für die Existenz einer nicht trivialen Lösung werden in der Theorie der linearen Gleichungen entwickelt.

Wir wollen aber gleichzeitig die Bedingungen geometrisch diskutieren und beginnen daher zunächst mit dem einfachsten Fall von zwei Vektoren $A_i$ und $B_i$. Sie sind linear abhängig, wenn es zwei Zahlen $\lambda$ und $\mu$ gibt, die nicht beide Null sind und den drei Gleichungen

$$\lambda A_i + \mu B_i = 0 \tag{4, 02}$$

genügen. Ist einer der beiden Vektoren, z. B. $A_i$, der Nullvektor, dann gibt es sicher solche Zahlen; (4, 02) geht über in

$$\lambda \cdot 0 + \mu B_i = 0$$

und wir brauchen nur $\mu = 0$ und $\lambda = 1$ zu setzen, um allen Bedingungen zu genügen. Zwei Vektoren, von denen mindestens einer der Nullvektor ist, sind stets linear abhängig. Schließen wir diesen Fall aus, ist also weder $A_i$ noch $B_i$ der Nullvektor, so müssen in (4, 02) beide Zahlen $\lambda$ und $\mu$ von Null verschieden sein. Dann können wir z. B. durch $\mu$ dividieren und erhalten

$$B_i = -\frac{\lambda}{\mu} A_i, \tag{4, 03}$$

d. h. aber nach (3, 05), daß $B_i$ und $A_i$ dieselbe Richtung haben, die sie darstellenden Strecken sind parallel und liegen insbesondere auf derselben Geraden $g$, wenn wir ihre Anfangspunkte zusammenfallen lassen (oder auch nur beide Anfangspunkte auf $g$ wählen). Wir nennen zwei linear abhängige Vektoren daher *kollinear*.

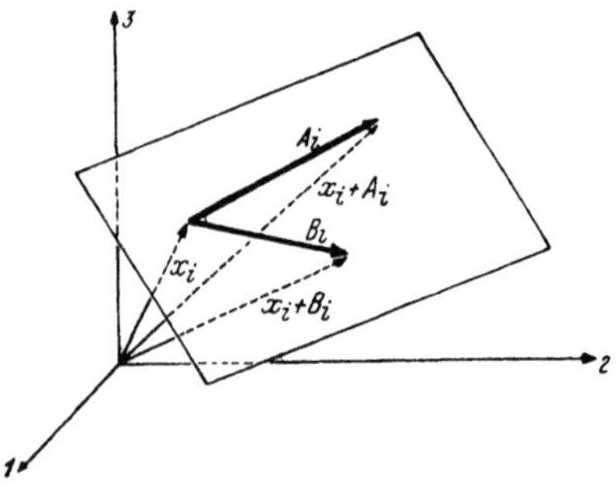


Abb. 9

Wir können dies auch in anderer Weise ausdrücken. Die Gleichungen (4, 02) sind bei gegebenen $A_i$ und $B_i$ drei homogene lineare Gleichungen mit den zwei Unbekannten $\lambda$ und $\mu$, die dann und nur dann eine nicht triviale Lösung haben, wenn alle Determinanten der Matrix

$$\begin{pmatrix} A_1 & A_2 & A_3 \\ B_1 & B_2 & B_3 \end{pmatrix} \tag{4, 04}$$

verschwinden, d. h. es ist

$$A_1 B_2 - A_2 B_1 = A_2 B_3 - A_3 B_2 = A_1 B_3 - A_3 B_1 = 0,$$

woraus

$$\frac{A_1}{B_1} = \frac{A_2}{B_2} = \frac{A_3}{B_3} = -\frac{\mu}{\lambda}$$

in Übereinstimmung mit (4, 03) folgt.

Sind $A_i$ und $B_i$ linear unabhängig, haben sie also verschiedene Richtungen, so bestimmen sie eine *Ebenenstellung*[1], d. h. die Stellung der zu $A_i$ *und* $B_i$ parallelen Ebenen. Legen wir die Anfangspunkte von $A_i$ und $B_i$ in einen Punkt $x_i$ zusammen, so ist durch $x_i$ und die beiden, dann nicht auf einer Geraden durch $x_i$ gelegenen Endpunkte $x_i + A_i$ und $x_i + B_i$ eine Ebene $\varepsilon$ eindeutig bestimmt. Man sagt, diese Ebene sei durch das *Zweibein* $A_i$, $B_i$ *„aufgespannt“* (Abb. 9).

Drei Vektoren $A_i$, $B_i$ und $C_i$ sind linear abhängig, wenn es drei Zahlen $\lambda$, $\mu$, $\nu$ gibt, die nicht alle gleich Null sind und den Gleichungen

$$\lambda A_i + \mu B_i + \nu C_i = 0 \tag{4, 05}$$

genügen. Ist einer der drei Vektoren der Nullvektor, z. B. $A_i = 0$, so können wir $\lambda \neq 0$ beliebig, $\mu = \nu = 0$ nehmen, um eine den

[1] *Stellung* einer Ebene $\varepsilon$ ist das, was alle zu $\varepsilon$ parallelen Ebenen gemeinsam haben. Die *Stellung* einer Ebene entspricht der *Richtung* einer Geraden.

Bedingungen genügende Lösung zu erhalten. Drei Vektoren sind also stets linear abhängig, wenn einer der Nullvektor ist. Wir schließen diesen Fall aus, setzen also voraus, daß alle drei Vektoren vom Nullvektor verschieden sind. Nun besteht die Möglichkeit, daß bereits zwei von den drei Vektoren, z. B. $A_i$ und $B_i$ linear abhängig sind. Dann gibt es zwei Zahlen $\lambda'$ und $\mu'$, die beide von Null verschieden sind und für die

$$\lambda' A_i + \mu' B_i = 0$$

oder

$$B_i = -\frac{\lambda'}{\mu'} A_i$$

gilt. Dann können wir (4, 05) ohneweiters durch die Werte

$$\lambda = \lambda', \; \mu = \mu', \; \nu = 0$$

erfüllen, d. h. sind bereits zwei der drei Vektoren linear abhängig, so sind es auch alle drei.

Wir schließen auch diesen Fall aus, setzen also voraus, daß keine zwei der drei Vektoren kollinear sind. In (4, 05) müssen dann alle drei Zahlen $\lambda$, $\mu$, $\nu$ von Null verschieden sein, denn wäre z. B. $\nu = 0$, so ginge (4, 05) in (4, 02) über und es wären bereits $A_i$ und $B_i$ linear abhängig. Wir können daher (4, 05) z. B. durch $\nu$ dividieren und

$$C_i = -\frac{\lambda}{\nu} A_i - \frac{\mu}{\nu} B_i \tag{4, 06}$$

schreiben. $C_i$ ist also die Summe der beiden Vektoren $-\frac{\lambda}{\nu} A_i$ und $-\frac{\mu}{\nu} B_i$ und liegt daher in der durch diese aufgespannten Ebene (oder ist zumindest parallel dazu); da sich aber $-\frac{\lambda}{\nu} A_i$ von $A_i$ und $-\frac{\mu}{\nu} B_i$ von $B_i$ höchstens durch Länge und Orientierung unterscheidet, während die Richtungen übereinstimmen, ist die durch $-\frac{\lambda}{\nu} A_i$ und $-\frac{\mu}{\nu} B_i$ aufgespannte Ebene mit der durch $A_i$ und $B_i$ selbst aufgespannten Ebene identisch. Das heißt also, daß die drei linear abhängigen Vektoren zu ein und derselben Ebenenstellung parallel sind (oder in einer Ebene $\varepsilon$ liegen, wenn ihre Anfangspunkte zusammenfallen oder zumindest in $\varepsilon$ selbst gewählt werden). Solche Vektoren nennt man *komplanar*.

Die Gleichungen (4, 05) sind ein System von drei homogenen linearen Gleichungen mit den drei Unbekannten $\lambda, \mu, \nu$. Eine nicht triviale Lösung existiert dann und nur dann, wenn

$$\begin{vmatrix} A_1 & A_2 & A_3 \\ B_1 & B_2 & B_3 \\ C_1 & C_2 & C_3 \end{vmatrix} = 0 \qquad (4, 07)$$

ist, d. h. das Verschwinden der aus den Koordinaten von drei Vektoren gebildeten Determinante ist notwendig und hinreichend dafür, daß die drei Vektoren linear abhängig sind.

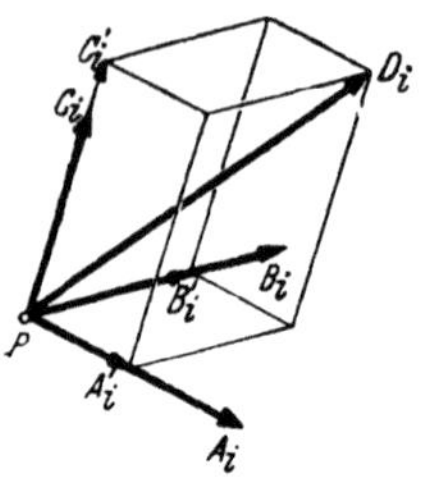

Abb. 10

Drei linear unabhängige Vektoren $A_i$, $B_i$, $C_i$ bilden ein *Dreibein*[1]. Dann gilt der wichtige Satz, daß jeder weitere Vektor $D_i$ des Raumes in der Form

$$D_i = \lambda A_i + \mu B_i + \nu C_i \qquad (4, 08)$$

darstellbar ist. Wir denken uns zum Beweis dieses Satzes (Abb. 10) die Anfangspunkte der vier Vektoren in $P$ zusammengelegt und legen durch den Endpunkt von $D_i$ drei Ebenen, die der Reihe nach zu den durch $B_i$ und $C_i$, $C_i$ und $A_i$ sowie $A_i$ und $B_i$ aufgespannten Ebenen parallel sind. Die Schnittpunkte dieser Ebenen mit den durch $A_i$, $B_i$ sowie $C_i$ bestimmten Geraden nehmen wir als Endpunkte von drei Vektoren $A_i'$, $B_i'$ sowie $C_i'$, deren Anfangspunkte ebenfalls in $P$ vereinigt sind. Dann ist (zweimalige Anwendung des Satzes vom Vektorparallelogramm) einerseits

$$A_i' + B_i' + C_i' = D_i \qquad (4, 09)$$

und anderseits aber auch, da $A_i$ und $A_i'$, $B_i$ und $B_i'$ sowie $C_i$ und $C_i'$ kollinear sind,

$$A_i' = \lambda A_i, \; B_i' = \mu B_i, \; C_i' = \nu C_i; \qquad (4, 10)$$

setzt man (4, 10) in (4, 09) ein, so ergibt sich (4, 08). Wir nennen (4, 08) die *Darstellung des Vektors $D_i$ im Dreibein $A_i$, $B_i$, $C_i$*.

Da (4, 08) für drei linear unabhängige Vektoren $A_i$, $B_i$, $C_i$ und für jeden *beliebigen* vierten Vektor $D_i$ gilt, folgt daraus,

[1] Das Wort *Dreibein* wird stets nur im Sinne von „räumliches Dreibein" verwendet.

daß je vier beliebige Vektoren $A_i$, $B_i$, $C_i$ und $D_i$ des Raumes linear abhängig sind. In der Tat sind die Bedingungsgleichungen

$$\lambda A_i + \mu B_i + \nu C_i + \varrho D_i = 0 \qquad (4, 11)$$

nicht wesentlich verschieden von (4, 08) solange nur $\varrho \neq 0$ ist. Wir können uns hier die weiteren Überlegungen ersparen, die dem Fall von zwei und drei Vektoren zunächst ganz parallel verlaufen würden und begnügen uns mit dem Hinweis, daß die drei homogenen linearen Gleichungen (4, 11) mit den vier Unbekannten $\lambda$, $\mu$, $\nu$, $\varrho$, wie in der Theorie der Systeme linearer Gleichungen gezeigt wird, stets eine nicht triviale Lösung haben.

Wenn aber vier Vektoren stets linear abhängig sind, so sind es fünf oder mehr Vektoren erst recht. Wir wollen nun unsere Ergebnisse in einer allgemeinen Form zusammenfassen:

$m$ Vektoren $\overset{1}{A}_i$, $\overset{2}{A}_i \ldots \overset{m}{A}_i$[1] sind dann und nur dann linear abhängig, wenn die Gleichungen

$$\sum_{p=1}^{m} \underset{p}{\lambda} \overset{p}{A}_i = \underset{1}{\lambda} \overset{1}{A}_i + \underset{2}{\lambda} \overset{2}{A}_i + \ldots + \underset{m}{\lambda} \overset{m}{A}_i = 0 \qquad (4, 12)$$

gelten, ohne daß alle $m$ Zahlen $\underset{1}{\lambda}, \underset{2}{\lambda}, \ldots, \underset{m}{\lambda}$ gleich Null sind. Ist $m > 3$, so sind die $m$ Vektoren stets linear abhängig.

$m$ Vektoren sind auch im Fall $m \leq 3$ stets linear abhängig, wenn mindestens einer von ihnen der Nullvektor ist.

Drei Vektoren sind dann und nur dann linear abhängig, wenn die Determinante ihrer Koordinaten verschwindet (4, 07).

Zwei Vektoren sind dann und nur dann linear abhängig, wenn alle zweireihigen Determinanten der Matrix (4, 04) ihrer Koordinaten verschwinden. Nur der Vollständigkeit halber fügen wir die völlig triviale Feststellung hinzu, daß ein Vektor dann und nur dann linear abhängig ist, wenn alle seine Koordinaten verschwinden, er also der Nullvektor ist.

Wir bemerken, daß sich die allgemeinen Überlegungen dieses Paragraphen ohne Schwierigkeit auch in symbolischer Schreibweise durchführen lassen, nachdem die Vektoraddition und die

[1] Die Indizes über (oder unter) den Buchstaben $A$ und $\lambda$ dienen zur Unterscheidung der einzelnen Vektoren; es sind keine Koordinaten- oder Vektorindizes, sondern reine Numerationsindizes, die wir stets an anderer Stelle als rechts unten schreiben wollen.

Multiplikation des Vektors mit einem skalaren Faktor erklärt ist An Stelle von (4, 08) tritt dann

$$\mathfrak{D} = \lambda\,\mathfrak{A} + \mu\,\mathfrak{B} + \nu\,\mathfrak{C}.$$

Nur die Überprüfung, ob zwei oder drei Vektoren linear abhängig sind, was wir mit (4, 04) und (4, 07) durchführen können, läßt sich nicht mehr in einfacher Weise, ohne doch zu Koordinaten überzugehen, darstellen.

Aufgaben

1. Sind die Vektoren $A_i = (2, -1, -2)$, $B_i = (6, -3, 1)$ und $C_i = (-2, 1, -5)$ komplanar?

2. Von einem Punkt $O$ gehen drei Vektoren $A_i$, $B_i$ und $C_i$ aus. Welche Bedingung ist erfüllt, wenn die Endpunkte in einer Geraden liegen?

3. Es ist die Linearrelation zwischen den vier Vektoren $A_i = (3, 1, -4)$, $B_i = (0, 1, 2)$, $C_i = (1, -1, 2)$ und $D_i = (1, 0, 3)$ aufzusuchen.

## § 5. Länge eines Vektors

Ein wichtiges Kennzeichen einer Strecke oder eines Vektors ist die Länge. Sie errechnet sich nach dem pythagoräischen Lehrsatz und wir bezeichnen sie mit dem gleichen Buchstaben wie die Koordinaten des Vektors, jedoch ohne Index:

$$\begin{aligned} A &= \sqrt{(y_1 - x_1)^2 + (y_2 - x_2)^2 + (y_3 - x_3)^2} \\ &= \sqrt{\sum_{i=1}^{3} (y_i - x_i)^2} \qquad (5, 01) \\ &= \sqrt{\sum_{i=1}^{3} A_i^2}. \end{aligned}$$

Das häufige Auftreten solcher Summationen über die drei Werte 1, 2, 3, deren ein laufender Index fähig ist, hat zur Aufstellung des sogenannten *Summationsübereinkommens*[1] geführt, welches in der Tensorrechnung das Schreiben der meisten Summenzeichen überflüssig macht. Es besteht in der Festsetzung

[1] Man spricht auch oft von der Einsteinschen Summationskonvention. Sie kann oft auch außerhalb der Tensorrechnung z. B. in der Matrizenrechnung Anwendung finden. Es sei hier ausdrücklich vor der irrigen Ansicht gewarnt, daß alle Größen, bei denen das Summationsübereinkommen verwendet wird, Tensoren sein müßten.

daß über jeden Index, der in einem Produkt zweimal vorkommt, zu summieren ist, also z. B.

$$A_i\, B_i = \sum_{i=1}^{3} A_i\, B_i = A_1\, B_1 + A_2\, B_2 + A_3\, B_3. \qquad (5,02)$$

Diese im ersten Moment eigenartig erscheinende Festsetzung, die später noch etwas erweitert wird, hat sich als sehr praktisch erwiesen, und man gewöhnt sich an sie sehr rasch. Wir können damit die Gleichung (5, 01) in folgender Form schreiben:

$$\boxed{A = \sqrt{A_i\, A_i}} \qquad (5,03)$$

Da wir die Länge oder den Betrag eines Vektors stets als positiv annehmen, ist die Wurzel in (5, 03) stets positiv zu wählen.

Die Länge eines Vektors ist eine geometrische, vom Koordinatensystem unabhängige Größe, also ein Skalar (Invariante).

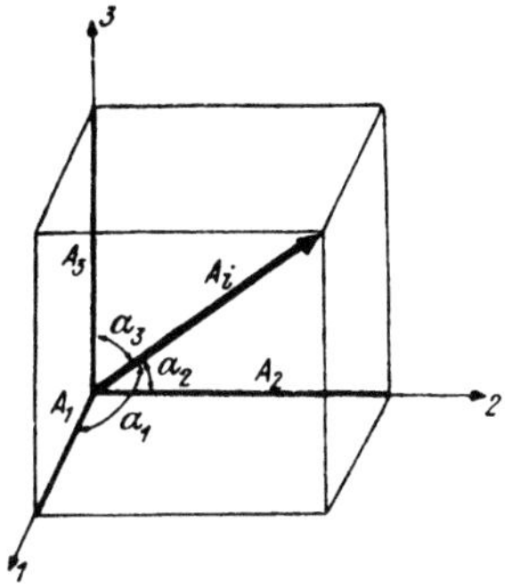


Abb .11

Vektoren der Länge 1 heißen *Einsvektoren*[1]; sie werden vorteilhaft zur Festlegung von Richtungen benützt.

Neben der Länge verwendet man oft auch ihr Quadrat

$$A^2 = A_i\, A_i, \qquad (5,04)$$

das als *Norm* des Vektors $A_i$ bezeichnet wird.

Mit Hilfe der Länge eines Vektors können wir die Winkel bestimmen, die seine Richtung gegen die Koordinatenachsen bildet (Abb. 11).

Es ist:

$$\cos\alpha_1 = \frac{A_1}{A},$$

$$\cos\alpha_2 = \frac{A_2}{A},$$

$$\cos\alpha_3 = \frac{A_3}{A}$$

---

[1] Sie wurden bisher als *Einheits*vektoren bezeichnet, was nicht nur länger ist, sondern auch dem Begriff nicht ganz gerecht wird. Unter Einheitsvektor könnte man z. B. auch den Vektor (1, 1, 1) verstehen, sogar mit mehr Berechtigung als einen Vektor mit der Länge 1.

oder allgemein:

$$\cos \alpha_i = \frac{A_i}{A}. \tag{5, 05}$$

Wir bilden die Summe der Quadrate der Cosinus:

$$\cos^2 \alpha_1 + \cos^2 \alpha_2 + \cos^2 \alpha_3 = \frac{A_1^2 + A_2^2 + A_3^2}{A^2} = 1$$

oder

$$\cos \alpha_i \cos \alpha_i = \frac{A_i A_i}{A^2} = \frac{A_i A_i}{A_k A_k} = 1. \tag{5, 06}$$

Wir haben im Nenner des vorletzten Ausdruckes $A_k A_k$ geschrieben. Bekanntlich ist es bei einer Summation über einen laufenden Index gleichgültig, wie man diesen Index bezeichnet, da er ja innerhalb der Summe schon alle seine möglichen Werte erschöpft und nach außen hin nicht weiter zum Ausdruck kommt. Daher ist

$$A_i A_i = A_k A_k = A_p A_p = \ldots.$$

Man nennt die Summationsindizes manchmal auch *gebundene* Indizes im Gegensatz zu den *freien* Indizes, für welche die Zahlen 1, 2 oder 3 zu setzen sind.

Bei mehreren Summationen in einer Gleichung ist es immer notwendig, die Summationsindizes verschieden zu bezeichnen, um die Summationen auseinanderhalten zu können. Im Sinne des Summationsübereinkommens genügt die einfache Regel, daß kein Index in einem Produkt mehr als zweimal vorkommen darf. Es ist aber immer zweckmäßig, für jede Summation einen eigenen Index zu verwenden.

Den Vektor $A_i$ können wir mit Hilfe von (5, 05) in der Form

$$A_i = A \cdot \cos \alpha_i \tag{5, 07}$$

schreiben. Diese Zerlegung hat eine gewisse Analogie mit der Darstellung einer reellen Zahl $x$ als Produkt aus Vorzeichen sign $x$ und absolutem Betrag $|x|$, nämlich

$$x = |x| \cdot \operatorname{sign} x,$$

weshalb man mitunter auch

$$A_i = A \cdot \operatorname{sign} A_i \tag{5, 08}$$

schreibt, wobei

$$\operatorname{sign} A_i = \cos \alpha_i \tag{5, 09}$$

nichts anderes ist als der mit $A_i$ in Richtung und Orientierung übereinstimmende Einsvektor.

Aufgaben

1. Ein regelmäßiges Tetraeder mit der Kantenlänge $a$ ist so zu legen, daß eine Ecke in den Ursprung, eine Kante in die positive 1-Achse, eine Fläche in den ersten Quadranten der 1,2-Ebene und eine Ecke in den ersten Oktanten fällt. Durch welche Vektoren sind die Ecken bestimmt?

2. Ein regelmäßiges Tetraeder mit der Kantenlänge $a$ ist wie in der Kristallographie üblich zu legen, d. h. daß die Verbindungslinien der Mitten der Gegenkanten in die Koordinatenachsen zu liegen kommen. Welche Vektoren bestimmen die Ecken?

3. Ein Vektor, dessen Anfangspunkt im Ursprung liegt und der im ersten Oktanten verläuft, bildet mit den Achsen gleiche Winkel. Wie groß sind diese?

4. In einem Parallelogramm ist die Summe der Quadrate der Diagonalen gleich der doppelten Summe der Quadrate der nicht parallelen Seiten.

5. Ist $A\,B\,C$ ein Dreieck mit dem Schwerpunkt $S$ und $P$ ein beliebiger Punkt der Ebene (oder des Raumes), so ist $(A\,P)^2 + (B\,P)^2 + (C\,P)^2 - 3\,(S\,P)^2$ von der Lage des Punktes $P$ unabhängig.

## § 6. Das innere oder skalare Produkt

Wir suchen zunächst den Winkel $\vartheta$ zwischen zwei Vektoren $A_i$ und $B_i$ zu bestimmen und verwenden dazu das aus den Vektoren $A_i$, $B_i$ und $C_i = A_i - B_i$ gebildete Dreieck (Abb. 12). Die Länge des Vektors $C_i$ können wir auf zwei Arten ausdrücken, nämlich entweder mit Hilfe des Cosinussatzes oder mit Hilfe der Vektorsubtraktion. Der Cosinussatz liefert

$$C^2 = A^2 + B^2 - 2\,A\,B\cos\vartheta, \qquad (6,01)$$

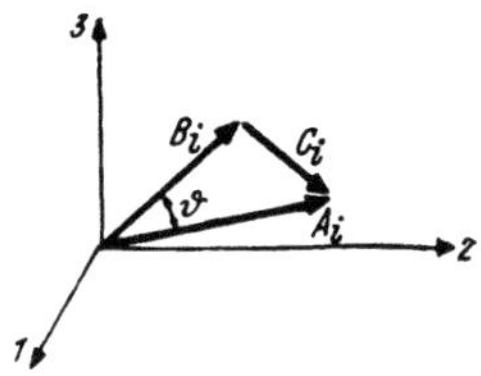


Abb. 12

Aus der Vektorsubtraktion folgt

$$C_i = A_i - B_i,$$

also nach ( , 0 )

$$C^2 = C_i\,C_i = (A_i - B_i)\,(A_i - B_i),$$
$$= A_i\,A_i + B_i\,B_i - 2\,A_i\,B_i,$$

d. h.

$$C^2 = A^2 + B^2 - 2\,A_i\,B_i. \qquad (6,02)$$

Setzt man die rechten Seiten von (6, 01) und (6, 02) einander gleich, so erhält man

$$\boxed{A\,B\cos\vartheta = A_i\,B_i} \qquad (6,03)$$

oder

$$\cos\vartheta = \frac{A_i\,B_i}{A\,B}. \qquad (6,04)$$

Den Ausdruck $A_i B_i$ bezeichnet man als das *innere* oder *skalare Produkt* der beiden Vektoren $A_i$ und $B_i$. Es ist einer der Vorzüge der gewählten Schreibweise, daß die Berechnung des inneren Produktes aus den Koordinaten der beiden Vektoren aus der Form $A_i B_i$ zusammen mit dem Summationsübereinkommen sofort hervorgeht:

$$A_i B_i = A_1 B_1 + A_2 B_2 + A_3 B_3. \qquad (6, 05)$$

Die geometrische Bedeutung ist in den Formeln (6, 03) und (6, 04) enthalten. Da $A \cos \vartheta$ die Länge der Projektion des Vektors $A_i$ auf die Richtung des Vektors $B_i$ darstellt, so ist das innere Produkt gleich der Projektion des einen Vektors auf die Richtung des anderen, multipliziert mit dem Betrag des anderen Vektors.

Das innere Produkt zweier Vektoren ist eine Invariante. Das folgt aus (6, 03), wo links die Längen der beiden Vektoren und der Cosinus des von ihnen eingeschlossenen Winkels stehen. Längen und Winkel von Vektoren sind aber geometrische, vom Koordinatensystem unabhängige Begriffe[1].

In der symbolischen Schreibweise wird das innere Produkt durch Nebeneinandersetzen der Vektorbezeichnungen dargestellt, also

$$\mathfrak{A} \mathfrak{B} = A B \cos \vartheta. \qquad (6, 06)$$

Es bedarf dann einer eigenen Definition der Bedeutung von $\mathfrak{A} \mathfrak{B}$, wie sie in (6, 06) gegeben ist, da $\mathfrak{A}$ und $\mathfrak{B}$ nur Symbole sind und daher auch die Produktform nur symbolisch aufgefaßt werden darf.

Vielfach schreibt man auch $\mathfrak{A} \cdot \mathfrak{B}$ und spricht dann vom *Punktprodukt*.

---

[1] Es sei hier noch auf einen Unterschied zwischen dem Winkel zweier Vektoren und den Winkeln, die ein Vektor mit den Koordinatenachsen einschließt, hingewiesen:

Der Winkel zwischen zwei Vektoren und ebenso jede Funktion dieses Winkels, wie z. B. der eben behandelte $\cos \vartheta$, sind unabhängig vom Koordinatensystem und somit Skalare (Invarianten). Der Winkel zwischen Vektor und einer Koordinatenachse ändert sich mit dem Koordinatensystem und er sowie sein Cosinus sind zwar Zahlen, aber keine Invarianten. Die drei Zahlen $\cos \alpha_i$ von (5, 05) bilden zusammen einen Vektor, nämlich den Einsvektor in der Richtung von $A_i$, und ändern sich so wie Vektorkoordinaten.

Wir bemerken, daß man in symbolischer Darstellung zuerst das innere Produkt mit (6, 06) definieren muß, bevor man die Norm mit $A^2 = \mathfrak{A}\,\mathfrak{A}$ und den Betrag mit $A = \sqrt{\mathfrak{A}\,\mathfrak{A}}$ darstellen kann.

Die Bezeichnung „inneres Produkt" erscheint durch die symbolische Schreibweise nahegelegt. Die rechte Seite von (6, 03) ist aber kein Produkt, sondern eine Summe von Produkten, so daß die Bezeichnung Produkt dem Wesen dieser Invariante nicht gerecht wird und zu Irrtümern Anlaß geben kann. Wir werden später für analoge, viel allgemeinere Bildungen den Ausdruck „*Überschiebung*" wählen und es demgemäß auch vorziehen, an Stelle von inneres Produkt Überschiebung zweier Vektoren zu sagen. Daß wir den ersteren Ausdruck hier überhaupt verwenden, ist lediglich eine Konzession an die Macht der Gewohnheit[1].

Das Verschwinden der Invariante (6, 03) bedeutet entweder $A = 0$ oder $B = 0$ oder aber $\cos\vartheta = 0$, d. h. das skalare Produkt zweier Vektoren verschwindet nicht nur, wenn einer der beiden Vektoren (oder beide) der Nullvektor ist, sondern auch dann, wenn sie *aufeinander senkrecht stehen* $\left(\vartheta = \frac{\pi}{2}\right)$. Wenn wir übereinkommen zu sagen, daß der Nullvektor auf jedem beliebigen Vektor senkrecht steht, so wird ganz allgemein das Verschwinden von (6, 03) notwendig und hinreichend dafür, daß $A_i$ und $B_i$ aufeinander senkrecht stehen.

Im Zusammenhang mit dieser Feststellung wollen wir darauf hinweisen, daß man in Gleichungen der Form

$$A_i\,B_i = A_i\,C_i$$

keinesfalls durch den „Faktor" $A_i$ „kürzen" darf, auch wenn $A_i$ nicht der Nullvektor ist. Diese Feststellung ist hier zwar fast überflüssig, da ja beiderseits Summen stehen; die symbolische Schreibweise

$$\mathfrak{A}\,\mathfrak{B} = \mathfrak{A}\,\mathfrak{C}$$

gibt in viel höherem Grad Anlaß zum Trugschluß $\mathfrak{B} = \mathfrak{C}$. Statt $A_i\,B_i = A_i\,C_i$ kann man

$$A_i\,(B_i - C_i) = 0$$

schreiben, und das heißt, daß $A_i$ auf $B_i - C_i$ senkrecht steht.

[1] Vgl. auch die Bemerkungen in der Einleitung über das innere Produkt.

Nur in dem Fall, daß $X_i A_i = 0$ für *jeden beliebigen* Vektor $X_i$ gilt, ist

$$A_i = 0,$$

denn nur der Nullvektor kann auf allen Vektoren $X_i$ senkrecht stehen. Von dieser Schlußweise wird häufig Gebrauch gemacht, es ist aber dabei besonders darauf zu achten, daß $X_i$ kein fester Vektor, sondern ein beliebiger Vektor sein muß.

Das innere Produkt zweier Vektoren tritt bei vielen Anwendungen in der Physik auf. Die bekannteste ist die Bildung der Arbeit aus Kraft und Weg.

Ein häufiger Sonderfall bei den Anwendungen des inneren Produktes ist der, daß einer der beiden Vektoren ein Einsvektor ist. Das innere Produkt eines Vektors $A_i$ mit einem Einsvektor $e_i$ ist

$$A_i e_i = A \cos \vartheta, \tag{6, 07}$$

die Länge der Projektion des Vektors $A_i$ auf die Richtung $e_i$.

Man benützt oft ein System von drei aufeinander senkrecht stehenden Einsvektoren und spricht dann von einem „normierten" Dreibein. Man bezeichnet die drei Vektoren der Übersichtlichkeit halber mit $\overset{1}{e}_i$, $\overset{2}{e}_i$, $\overset{3}{e}_i$. Die Zahlen über den Buchstaben sind ebenfalls Indizes, die aber zur Unterscheidung von den Koordinatenindizes an einer anderen Stelle angebracht sind. Decken sich die Richtungen des normierten Dreibeins mit denen der Koordinatenachsen, so gelten folgende Gleichungen:

$$\begin{aligned} \overset{1}{e}_i &= (1, 0, 0), \quad \text{d. h.} \quad \overset{1}{e}_1 = 1, \quad \overset{1}{e}_2 = 0, \quad \overset{1}{e}_3 = 0, \\ \overset{2}{e}_i &= (0, 1, 0), \quad \text{d. h.} \quad \overset{2}{e}_1 = 0, \quad \overset{2}{e}_2 = 1, \quad \overset{2}{e}_3 = 0, \\ \overset{3}{e}_i &= (0, 0, 1), \quad \text{d. h.} \quad \overset{3}{e}_i = 0, \quad \overset{3}{e}_2 = 0, \quad \overset{3}{e}_3 = 1. \end{aligned} \tag{6, 08}$$

Die inneren Produkte dieser Vektoren mit einem gegebenen Vektor sind die Koordinaten dieses Vektors:

$$\begin{aligned} \overset{1}{e}_i A_i &= A_1, \\ \overset{2}{e}_i A_i &= A_2, \\ \overset{3}{e}_i A_i &= A_3. \end{aligned} \tag{6, 09}$$

Führt man für die Indizes 1, 2, 3 auch hier eine allgemeine Bezeichnung ein, z. B. $p$, so läßt sich (6, 09) in einfacher Form schreiben:

$$\overset{p}{e}_i A_i = A_p. \tag{6, 10}$$

Die Winkel, die ein Vektor mit den Koordinatenachsen einschließt, sind dann nach (6, 04):

$$\cos \alpha_p = \frac{\overset{p}{e}_i A_i}{\overset{p}{e} A} = \frac{A_p}{A} \tag{6, 11}$$

in Übereinstimmung mit (5, 05). Die drei Zahlen (6, 11) sind die Koordinaten des Einsvektors, der mit $A_i$ nach Richtung und Orientierung übereinstimmt. Zu jedem Vektor $A_i$ erhält man den mit $A_i$ nach Richtung und Orientierung übereinstimmenden Einsvektor $e_i$ durch Division der Koordinaten $A_i$ des ursprünglichen Vektors durch seine Länge $A$:

$$e_i = \frac{A_i}{A} = \operatorname{sign} A_i.$$

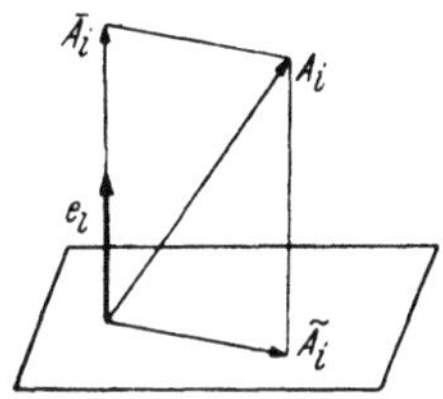

Abb. 13

In der symbolischen Darstellung bezeichnet man den Einsvektor in der Richtung des Vektors $\mathfrak{A}$ oft mit $\mathfrak{A}^0$ in Anlehnung an die Tatsache, daß $a^0 = 1$ ist. Dementsprechend können wir auch

$$A_i^0 = \frac{A_i}{A}$$

schreiben.

Ist $e_i$ ein gegebener Einsvektor, so ist nach (6, 07)

$$A_i e_i = A \cos \vartheta$$

die Länge $\bar{A}$ der Projektion von $A_i$ auf die Richtung $e_i$, wenn $\vartheta$ der Winkel zwischen $A_i$ und $e_i$ und $A$ der Betrag von $A_i$ ist.

Die Projektion selbst als Vektor angesehen — und diese bezeichnet man als *Komponente* von $A_i$ in der Richtung $e_i$ — ist dann (Abb. 13)

$$\bar{A}_i = A_j e_j e_i. \tag{6, 12}$$

Die Differenz

$$\tilde{A}_i = A_i - \bar{A}_i = A_i - A_j e_j e_i \tag{6, 13}$$

ist nichts anderes als die Komponente von $A_i$ in einer zu $e_i$ senkrechten Ebene. Es folgt: *Jeder Vektor läßt sich in eindeutiger Weise als Summe von zwei Vektoren (Komponenten) darstellen, von denen einer parallel, der andere senkrecht zu einer gegebenen Richtung ist, also*

$$A_i = \bar{A}_i + \tilde{A}_i. \qquad (6, 14)$$

Ist die Richtung durch einen beliebigen Vektor $B_i$ gegeben, so ist der Einsvektor in dieser Richtung

$$e_i = \frac{B_i}{B}$$

und daher die Komponente $\bar{A}_i$ von $A_i$ in der Richtung $B_i$

$$\bar{A}_i = \frac{A_j B_j}{B^2} B_i = \frac{A_j B_j}{B_k B_k} B_i. \qquad (6, 15)$$

Die Komponente in der zu $B_i$ senkrechten Ebene wird

$$\tilde{A}_i = A_i - \frac{A_j B_j}{B_k B_k} B_i. \qquad (6, 16)$$

Wir weisen hier nochmals besonders auf den Unterschied zwischen *Koordinate* und *Komponente* hin. Sind durch (6, 08) die Einsvektoren in den Richtungen der Koordinatenachsen gegeben, so sind durch (6, 09) die Koordinaten des Vektors $A_i$ bestimmt. Die Komponenten von $A_i$ in den Richtungen der Achsen sind jedoch die *Vektoren*

$$\overset{1}{A}_i = \overset{1}{e}_i \overset{1}{e}_p A_p = (A_1, 0, 0),$$

$$\overset{2}{A}_i = \overset{2}{e}_i \overset{2}{e}_p A_p = (0, A_2, 0),$$

$$\overset{3}{A}_i = \overset{3}{e}_i \overset{3}{e}_p A_p = (0, 0, A_3).$$

Die drei Koordinaten $A_i$ stellen einen Vektor dar, die drei Komponenten $\overset{p}{A}_i$ jedoch ein Dreibein.

In der symbolischen Schreibweise bezeichnet man die Einsvektoren des normierten Dreibeins in den Richtungen der Koordinatenachsen mit

$$\mathfrak{i}, \mathfrak{j}, \mathfrak{k},$$

Es gilt dann

$$\mathfrak{i} = (1, 0, 0),$$
$$\mathfrak{j} = (0, 1, 0), \qquad (6, 17)$$
$$\mathfrak{k} = (0, 0, 1).$$

Mit Hilfe dieses Dreibeins läßt sich eine Verbindung der analytischen Schreibweise mit der symbolischen herstellen. Ein Vektor $\mathfrak{A}$ ist die Summe seiner Komponenten in den Richtungen der Koordinatenachsen und jede dieser Komponenten ist gleich dem Produkt der jeweiligen Koordinate mit dem zugehörigen Einsvektor nach (6, 17). Somit ist

$$\mathfrak{A} = A_1\,\mathfrak{i} + A_2\,\mathfrak{j} + A_3\,\mathfrak{k}. \qquad (6, 18)$$

Benutzt man noch die Formeln

$$\mathfrak{i}\,\mathfrak{i} = \mathfrak{j}\,\mathfrak{j} = \mathfrak{k}\,\mathfrak{k} = 1 \qquad (6, 19)$$

und die aus der Orthogonalität des Dreibeins (6, 17) folgenden Beziehungen

$$\mathfrak{i}\,\mathfrak{j} = \mathfrak{j}\,\mathfrak{k} = \mathfrak{k}\,\mathfrak{i} = 0, \qquad (6, 20)$$

so kann man viele der Formeln der analytischen Schreibweise mit Hilfe von (6, 18) herleiten. So ist z. B.

$$\begin{aligned}\mathfrak{A} + \mathfrak{B} &= (A_1\,\mathfrak{i} + A_2\,\mathfrak{j} + A_3\,\mathfrak{k}) + (B_1\,\mathfrak{i} + B_2\,\mathfrak{j} + B_3\,\mathfrak{k})\\ &= (A_1 + B_1)\,\mathfrak{i} + (A_2 + B_2)\,\mathfrak{j} + (A_3 + B_3)\,\mathfrak{k}\end{aligned}$$

oder

$$\begin{aligned}\mathfrak{A}\,\mathfrak{B} &= (A_1\,\mathfrak{i} + A_2\,\mathfrak{j} + A_3\,\mathfrak{k})\,(B_1\,\mathfrak{i} + B_2\,\mathfrak{j} + B_3\,\mathfrak{k})\\ &= A_1\,B_1 + A_2\,B_2 + A_3\,B_3\end{aligned}$$

oder

$$\mathfrak{A}\,\mathfrak{A} = A_1^2 + A_2^2 + A_3^2.$$

Natürlich hat man mit (6, 18) den Bereich der symbolischen Rechnung in Wahrheit verlassen und man kann die Rechnung dann nicht mehr als „koordinatenfrei" bezeichnen.

### Aufgaben

1. Es ist der Winkel zwischen zwei von derselben Ecke ausgehenden Flächendiagonalen eines Würfels zu berechnen.

2. Es ist der von zwei Raumdiagonalen eines Würfels eingeschlossene Winkel zu berechnen.

3. Es ist der Winkel zwischen zwei Seitenflächen eines regelmäßigen Oktaeders zu berechnen.

4. Zu zeigen: Die Verbindungslinien von drei Ecken eines regelmäßigen Tetraeders zur Mitte der Höhe aus der vierten Ecke bilden ein rechtwinkeliges Dreibein.

5. Zu zeigen: Die Verbindungslinien der Mitten der Gegenkanten eines regelmäßigen Tetraeders bilden ein rechtwinkeliges Dreibein.

## § 7. Beispiele aus der Geometrie

Um zu zeigen, wie eng sich unsere Überlegungen an die der analytischen Geometrie anschließen, sollen jetzt einige Beispiele aus der Geometrie behandelt werden. Es kommen dabei in überwiegendem Maße Ortsvektoren vor, die wir aber nach dem früher Gesagten formal wie Vektoren behandeln können.

Raumkurven können analytisch dadurch gegeben sein, daß die Koordinaten eines Kurvenpunktes als Funktionen eines Parameters dargestellt werden:

$$x = x(u), \quad y = y(u), \quad z = z(u). \tag{7, 01}$$

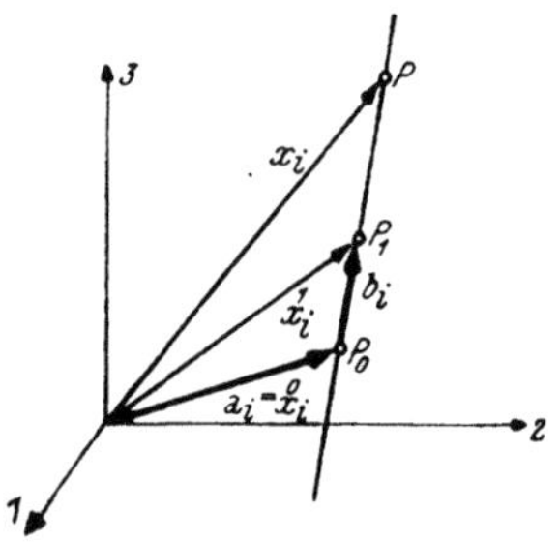

Abb. 14

Mit unseren Koordinatenbezeichnungen lassen sich diese Gleichungen zusammenfassen in

$$x_i = x_i(u). \tag{7, 02}$$

Wenn die drei Funktionen in (7, 02) linear sind, also die Form

$$x_i = a_i + b_i u \tag{7, 03}$$

haben, so ist die Kurve eine Gerade. Für $u = 0$ wird

$$x_i = \overset{0}{x}_i = a_i,$$

d. h. $a_i$ ist der Ortsvektor des dem Parameterwert $u = 0$ entsprechenden Punktes oder kurz der Ortsvektor des Punktes $u = 0$. Für $u = 1$ wird

$$x_i = \overset{1}{x}_i = a_i + b_i$$

oder

$$b_i = \overset{1}{x}_i - a_i. \tag{7, 04}$$

$\overset{1}{x}_i$ ist der Ortsvektor des Punktes $u = 1$, während $b_i$ als Differenz zweier Ortsvektoren wie (2, 01) ein Vektor ist.

Die Parameterdarstellung (7, 03) der Geraden bedeutet also geometrisch, daß man vom Ursprung aus zum Punkt $P_0$ mit dem Ortsvektor $\overset{0}{x}_i = a_i$ zu gehen und von $P_0$ aus das $u$-fache des Vektors $b_i$ abzutragen hat, um zum allgemeinen Punkt $P$ mit dem Ortsvektor $x_i$ zu gelangen (Abb. 14). Da der Vektor $u\, b_i$ zu $b_i$ parallel ist, liegen alle Punkte $P$, die man auf diese Art erhält, auf der durch $P_0$ und $P_1$ (Anfangs- und Endpunkt von $b_i$) bestimmten Geraden, d. h. $P$ ist der „laufende" Punkt dieser Geraden. Die Gerade ist also bestimmt durch Punkt und Richtung, wobei der Punkt durch den Ortsvektor $a_i$, die Richtung durch den Vektor $b_i$ gegeben ist.

a) Als erstes Beispiel suchen wir den Durchstoßpunkt der Geraden (7, 03) mit der 1,2-Ebene. Für diesen Punkt gilt

$$x_3 = 0.$$

Seinen speziellen Parameterwert $\bar{u}$ finden wir dann aus (7, 03)

$$x_3 = a_3 + b_3 \bar{u} = 0,$$

also

$$\bar{u} = -\frac{a_3}{b_3}.$$

Gehen wir mit diesem Wert in die anderen beiden Gleichungen (7, 03), so erhalten wir die Koordinaten des gesuchten Punktes:

$$x_1 = a_1 - b_1 \frac{a_3}{b_3},$$

$$x_2 = a_2 - b_2 \frac{a_3}{b_3}.$$

Es lassen sich aber alle drei Koordinaten in einer Gleichung ausdrücken, nämlich:

$$x_i = a_i - b_i \frac{a_3}{b_3}.$$

b) Als nächstes Beispiel suchen wir die Koordinaten eines Vektors, der auf der Geraden (7, 03) liegt. Dem Anfangspunkt $x_i$ entspricht der Parameter $u$, dem Endpunkt $y_i$ der Parameter $v$, also

$$x_i = a_i + b_i u,$$

$$y_i = a_i + b_i v,$$

also ist

$$A_i = y_i - x_i = b_i (v - u) = \lambda b_i. \qquad (7, 05)$$

Der Vektor $A_i$ hat also dieselbe Richtung wie $b_i$ und unterscheidet sich von diesem nur durch die Länge.

Da ein Vektor bei einer Parallelverschiebung seine Koordinaten nicht ändert, so sind alle zur Geraden parallelen Vektoren von der Form (7, 05).

c) Wir suchen die Parameterdarstellung der Geraden, die durch zwei vorgegebene Punkte $m_i$ und $n_i$ geht. Es muß dann sein:

$$m_i = a_i + b_i u,$$

$$n_i = a_i + b_i v.$$

Die Werte der Parameter, die den gegebenen Punkten zugeordnet sind, können wir beliebig wählen, also z. B. $u = 0$ für den Punkt $m_i$ und $v = 1$ für den Punkt $n_i$. Dann ist:

$$a_i = m_i,$$

$$b_i = n_i - m_i$$

und somit

$$x_i = m_i + (n_i - m_i)\, u,$$

wobei $u$ alle Werte von $-\infty$ bis $+\infty$ annehmen kann.

d) Es seien zwei Gerade gegeben:

$$x_i = a_i + b_i u$$

und

$$y_i = c_i + d_i v.$$

Wir fragen, ob sich die beiden Geraden schneiden. Sie müssen dann einen Punkt gemeinsam haben. Es müssen sich also Werte $u$ und $v$ so finden lassen, daß

$$a_i + b_i u = c_i + d_i v$$

wird. Daraus folgt:

$$b_i u - d_i v = c_i - a_i = h_i.$$

Der Vektor $h_i$, der gleich der Differenz der Vektoren $c_i$ und $a_i$ ist, muß von den Vektoren $b_i$ und $d_i$ linear abhängig, d. h. mit $b_i$ und $d_i$ komplanar sein.

e) Wir suchen den Abstand einer Geraden (7,03) vom Ursprung. Die Entfernung des Punktes $x_i$ der Geraden vom Ursprung ist $x$, ihr Wert errechnet sich nach der Gleichung:

$$x^2 = x_i x_i.$$

Der Abstand der Geraden ist die kürzeste dieser Entfernungen. Wir müssen also den Parameter $u$ so bestimmen, daß $x$ und damit $x^2$ ein Minimum wird:

$$\frac{dx^2}{du} = 0.$$

Nun ist

$$\frac{d(x_i x_i)}{du} = \frac{d}{du}(a_i a_i + 2 a_i b_i u + b_i b_i u^2)$$

$$= 2 a_i b_i + 2 b_i b_i u$$

und daraus

$$u = -\frac{a_i b_i}{b^2}.$$

Der entsprechende Punkt der Geraden hat die Koordinaten:

$$x_i = a_i - b_i \frac{a_k b_k}{b^2}$$

und der Abstand ist der Betrag $x$ von $x_i$. Es ist

$$x^2 = a^2 - \frac{2 a_i b_i a_k b_k}{b^2} + b_i b_i \frac{(a_k b_k)^2}{b^4}$$

$$= a^2 - \frac{(a_i b_i)^2}{b^2} = a^2 - \frac{a^2 b^2}{b^2} \cos^2 \vartheta = a^2 \sin^2 \vartheta,$$

wobei für $a_i b_i$ entsprechend (6, 03) eingesetzt ist, so daß also

$$x = a \sin \vartheta \qquad (0 \leqq \vartheta < \pi)$$

folgt.

f) Die Parameterdarstellung einer Ebene lautet:

$$x_i = a_i + b_i u + c_i v, \tag{7, 06}$$

wobei $u$ und $v$ zwei unabhängige Parameter sind, entsprechend der Tatsache, daß die Ebene eine zweidimensionale Punktmannigfaltigkeit ist. Wir wollen (7, 06) in ähnlicher Weise diskutieren wie die Parameterdarstellung (7, 03) der Geraden. Zunächst wird für $u = v = 0$

$$x_i = \overset{0}{x}_i = a_i,$$

d. h. $a_i$ ist der Ortsvektor des den Parameterwerten (0, 0) entsprechenden Punktes $P_0$ der Ebene. Für $u = 1$, $v = 0$ wird

$$x_i = \overset{1}{x}_i = a_i + b_i$$

oder

$$b_i = \overset{1}{x}_i - a_i,$$

während für $u = 0$, $v = 1$

$$x_i = \overset{2}{x}_i = a_i + c_i$$

oder

$$c_i = \overset{2}{x}_i - a_i$$

folgt. $b_i$ und $c_i$ sind also als Differenzen von Ortsvektoren selbst Vektoren, deren Endpunkte die Punkte $P_1$ und $P_2$ mit den Koordinaten $\overset{1}{x}_i$ und $\overset{2}{x}_i$ sind, wenn ihre Anfangspunkte in $P_0$ zusammengelegt werden. Unsere Ebene wird also durch die Vektoren $b_i$ und $c_i$ „aufgespannt"; (7, 06) ist in der Form

$$x_i - a_i = u\, b_i + v\, c_i$$

völlig analog zu (4, 05), der Vektor $x_i - a_i$ (Anfangspunkt $P_0$, Endpunkt $P$, Abb. 15) ist komplanar zu $b_i$ und $c_i$. Die Parameter $u$ und $v$ sind allgemeine schiefwinkelige Koordinaten in der Ebene, bezogen auf ein Koordinatensystem, dessen Ursprung $P_0$ ist und dessen Achsen die Richtungen von $b_i$ und $c_i$ haben, wobei $\overline{P_0 P_1} = b$ und $\overline{P_0 P_2} = c$ die Einheitsstrecken auf diesen Koordinatenachsen sind. So ist $u$ die Länge der Parallelprojektion (Projektion parallel zu $c_i$) von $x_i - a_i$ auf die Richtung von $b_i$ ($u$-Achse), gemessen mit der Länge $b$ als Maßeinheit, und Entsprechendes gilt für $v$.

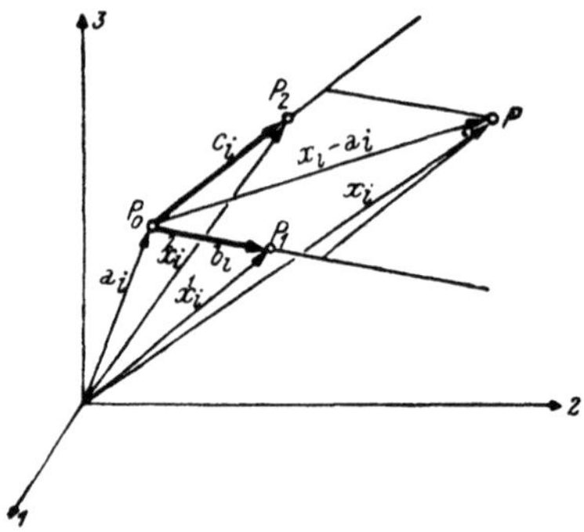


Abb. 15

Bestimmen wir die Schnittgerade mit einer Koordinatenebene, z. B. mit der 1, 2-Ebene, so müssen alle Punkte dieser Geraden der Gleichung $x_3 = 0$ genügen. Wir setzen also

$$x_3 = a_3 + b_3\, u + c_3\, v = 0,$$

also

$$v = -\frac{a_3 + b_3\, u}{c_3}.$$

Setzen wir dieses $v$ in (7, 06) ein, so wird:

$$x_i = a_i + b_i\, u - \frac{c_i}{c_3}(a_3 + b_3\, u).$$

g) In ähnlicher Weise wie für die Gerade unter e) können wir jetzt für die Ebene den Abstand der Ebene vom Ursprung finden. Es sind $u$ und $v$ so zu wählen, daß $x_i\, x_i$ ein Minimum wird, also

$$\frac{\partial}{\partial u} x_i\, x_i = 0, \qquad \frac{\partial}{\partial v} x_i\, x_i = 0.$$

Es ist:

$$\frac{\partial x_i x_i}{\partial u} = 2\,x_i \frac{\partial x_i}{\partial u}, \qquad \frac{\partial x_i x_i}{\partial v} = 2\,x_i \frac{\partial x_i}{\partial v},$$

$$\frac{\partial x_i}{\partial u} = b_i, \qquad \frac{\partial x_i}{\partial v} = c_i,$$

also

$$b_i\,(a_i + b_i\,\bar{u} + c_i\,\bar{v}) = a_i\,b_i + b_i\,b_i\,\bar{u} + b_i\,c_i\,\bar{v} = 0,$$

$$c_i\,(a_i + b_i\,\bar{u} + c_i\,\bar{v}) = a_i\,c_i + b_i\,c_i\,\bar{u} + c_i\,c_i\,\bar{v} = 0.$$

Dabei sind $\bar{u}$ und $\bar{v}$ die Parameter des Punktes $\bar{x}_i$ der Ebene, der dem Ursprung am nächsten ist.

Die Ausdrücke in den Klammern sind die Koordinaten des Punktes $\bar{x}_i$ der Ebene. Wir können daher auch schreiben:

$$b_i\,\bar{x}_i = 0,$$

$$c_i\,\bar{x}_i = 0.$$

Diese zwei Gleichungen bedeuten, daß $\bar{x}_i$ senkrecht auf $b_i$ und $c_i$ steht.

Den Abstand der Ebene vom Ursprung finden wir durch Berechnung von $\bar{x}_i\,\bar{x}_i$. Die Rechnung vereinfacht sich etwas, wenn wir zuerst nur für einen Faktor $\bar{x}_i$ einsetzen

$$\bar{x}_i\,\bar{x}_i = \bar{x}_i\,(a_i + b_i\,\bar{u} + c_i\,\bar{v})$$

$$= \bar{x}_i\,a_i.$$

Man kann nun $\bar{u}$ und $\bar{v}$ aus den oben hergeleiteten Gleichungen berechnen. Es ist

$$\bar{u} = \frac{a_i\,c_i\,b_k\,c_k - a_i\,b_i\,c_k\,c_k}{b^2\,c^2 - (b_k\,c_k)^2}, \qquad \bar{v} = \frac{a_i\,b_i\,b_k\,c_k - a_i\,c_i\,b_k\,b_k}{b^2\,c^2 - (b_k\,c_k)^2}.$$

Wir erhalten dann für $\bar{x}^2$ den Ausdruck

$$\bar{x}_i\,\bar{x}_i = \bar{x}_i\,a_i = a^2 + a_i\,b_i\,\frac{a_j\,c_j\,b_k\,c_k - a_j\,b_j\,c^2}{b^2\,c^2 - (b_k\,c_k)^2} +$$

$$+ a_i\,c_i\,\frac{a_j\,b_j\,b_k\,c_k - a_j\,c_j\,b^2}{b^2\,c^2 - (b_k\,c_k)^2},$$

also

$$\bar{x}^2 = a^2 + 2\,\frac{a_i\,b_i\,a_j\,c_j\,b_k\,c_k}{b^2\,c^2 - (b_k\,c_k)^2} - \frac{(a_i\,b_i)^2\,c^2 + (a_i\,c_i)^2\,b^2}{b^2\,c^2 - (b_k\,c_k)^2}$$

Wir haben damit den Abstand der Ebene vom Ursprung durch die Koordinaten der drei die Ebene bestimmenden Vektoren ausgedrückt.

h) Normalform der Ebene. Der im vorigen Beispiel berechnete Vektor $\bar{x}_i$ genügt allein, die Ebene zu bestimmen, denn die Ebene ist vollkommen festgelegt, wenn ihr Abstand vom Ursprung und die Richtung dieses Abstandes gegeben sind. Wir versuchen daher die Gleichung der Ebene mit Hilfe von $\bar{x}_i$ darzustellen. Wir bilden dazu das innere Produkt $x_i \bar{x}_i$. Es ist

$$x_i \bar{x}_i = a_i \bar{x}_i + b_i \bar{x}_i u + c_i \bar{x}_i v.$$

Die beiden letzten Glieder auf der rechten Seite verschwinden, wie wir schon oben abgeleitet haben. Daher ist:

$$x_i \bar{x}_i = a_i \bar{x}_i = \bar{x}^2 = \text{konst.}$$

Wir dividieren durch $\bar{x}$

$$x_i \frac{\bar{x}_i}{\bar{x}} = \bar{x}.$$

Die Ausdrücke $\frac{\bar{x}_i}{\bar{x}}$ sind die Richtungscosinus $\cos \alpha_i$ des Vektors $\bar{x}_i$, also

$$x_i \cos \alpha_i = \bar{x}. \tag{7, 07}$$

Wir führen an Stelle von $x_i$ wieder die Koordinaten $x$, $y$, $z$ ein, an Stelle der Winkel $\alpha_i$ die Winkel $\alpha$, $\beta$, $\gamma$ und bezeichnen den Abstand der Ebene vom Ursprung mit $l$ an Stelle von $\bar{x}$:

$$x \cos \alpha + y \cos \beta + z \cos \gamma = l. \tag{7, 08}$$

Das ist die bekannte Normalform der Gleichung einer Ebene. Sie wird in unserer Schreibweise durch (7, 07) gegeben.

Der Einsvektor $e_i = \frac{\bar{x}_i}{\bar{x}} = \cos \alpha_i$ heißt Normalvektor der Ebene (7, 07). Er ist gemeinsam für alle zu (7, 07) parallelen Ebenen und senkrecht auf deren Stellung.

Bedient man sich der symbolischen Schreibweise, so müssen wir für den Einsvektor $\cos \alpha_i$ einen eigenen Buchstaben einführen, z. B. $\mathfrak{e}$. Nennen wir den Ortsvektor in der üblichen Form $\mathfrak{r}$, so wird die Normalform der Ebene:

$$\mathfrak{r}\, \mathfrak{e} = l. \tag{7, 09}$$

Der Nachteil der symbolischen Schreibweise wird klar, wenn man bedenkt, daß (7, 09) erst verständlich ist, wenn die Bedeutung der Vektoren $\mathfrak{r}$ und $\mathfrak{e}$ noch zusätzlich erklärt wird, während

(7, 07) ohne weitere Erklärung die Aufstellung der Form (7, 08) gestattet.

Aufgaben

1. Zu zeigen: Die Verbindung eines Eckpunktes eines Parallelogramms mit dem Mittelpunkt einer nicht anliegenden Seite schneidet ein Drittel der Diagonale ab.

2. Zu zeigen: Die Schwerlinien eines Dreiecks gehen durch einen Punkt.

3. Zu zeigen: Der Schnittpunkt der Diagonalen eines Trapezes halbiert eine durch ihn gezogene Parallele zu den Parallelseiten.

4. Die Vektoren $A_i$ und $B_i$ seien Katheten eines rechtwinkeligen Dreiecks. Es ist der Vektor der Höhe $H_i$ durch $A_i$ und $B_i$ auszudrücken.

5. Zu zeigen: Die Höhen eines Dreiecks schneiden sich in einem Punkt.

6. Zu zeigen: Die Seitensymmetralen eines Dreiecks schneiden sich in einem Punkt.

7. Zu zeigen: Die Symmetrieebenen der sechs Kanten eines Tetraeders schneiden sich in einem Punkt.

8. Es ist die Gleichung der Kugel mit dem Mittelpunkt $m_i$ und durch den Punkt $p_i$ aufzustellen.

Speziell: $m_i = (1, 2, 1)$, $p_i = (3, 3, 3)$.

9. Es ist die Gleichung der Geraden aufzustellen, die durch den Punkt $m_i$ geht und zur Geraden $x_i = a_i + b_i u$ parallel ist.

10. Der Abstand einer Ebene vom Ursprung sei durch den Vektor $d_i$ gegeben. Es ist das Lot eines Punktes $p_i$ auf die durch $d_i$ bestimmte Ebene zu ermitteln.

Speziell: $d_i = (2\sqrt{3}, 2\sqrt{3}, 2\sqrt{3})$, $p_i = (2, -5, 3)$.

11. Es ist der Abstand des Punktes $p_i$ von der Ebene $x_i a_i = c$ zu bestimmen.

Speziell: $p_i = (3, 4, 6)$, $2x_1 + 3x_2 - 5 = 0$.

12. Es ist die Gleichung der Ebene aufzustellen, die durch den Punkt $p_i$ geht und auf die Gerade $x_i = a_i + b_i u$ senkrecht steht.

Speziell: In $p_i = (3, 5, 4)$ ist eine Ebene senkrecht zur Geraden $x_i = p_i u$ zu errichten.

13. Es sind die Gleichungen der beiden Ebenen aufzustellen, welche zur Ebene $x_i a_i = c$ parallel sind und von ihr den Abstand $\pm p$ haben.

14. Für alle Ebenen mit festem Abstand vom Ursprung ist $\frac{1}{a^2} + \frac{1}{b^2} + \frac{1}{c^2}$ konstant, wobei $a$, $b$, $c$ die Abschnitte auf den Koordinatenachsen sind.

15. Es ist der Schnittpunkt und der Schnittwinkel der Geraden $x_i = a_i + b_i u$ mit der Ebene $x_i p_i = c$ zu bestimmen.

Speziell: $a_i = (1, 2, 0)$, $b_i = (-3, -5, 1)$, $x_1 - x_2 + x_3 = 9$.

16. Durch die Schnittlinie der Ebenen $x_i a_i = k_1$ und $x_i b_i = k_2$ ist eine Ebene zu legen, welche auf die Ebene $x_i c_i = k_3$ senkrecht steht.

Speziell: $3x_1 - 4x_2 + x_3 - 12 = 0$, $4x_1 - 7x_2 + 3x_3 + 4 = 0$, $5x_1 + 2x_2 - x_3 + 30 = 0$.

17. Es ist die Schnittgerade der Ebenen $5x_1 - 7x_2 + 2x_3 = 1$ und $x_1 + 2x_2 + 4x_3 = 9$ zu bestimmen.

18. Welchen Ort beschreibt der Mittelpunkt einer Strecke fester Länge, deren Endpunkte auf zwei gegebenen Geraden gleiten?

## § 8. Lineare Vektorfunktionen. Tensoren

So wie Skalare durch funktionale Abhängigkeiten miteinander verknüpft sein können, gibt es in der Geometrie und in der Physik viele Fälle, in denen Vektoren mit Skalaren oder wieder mit Vektoren verknüpft sind. Beispiele der ersten Art haben wir in § 6 gebracht; ist $A_i$ ein fester, $X_i$ ein beliebiger (variabler) Vektor, so ist durch das innere Produkt

$$\varphi = A_i X_i \qquad (8, 01)$$

jeder bestimmten Wahl des Vektors $X_i$ ein Wert des Skalars $\varphi$ zugeordnet. Auch der Fall, daß einem Skalar ein Vektor zuge-

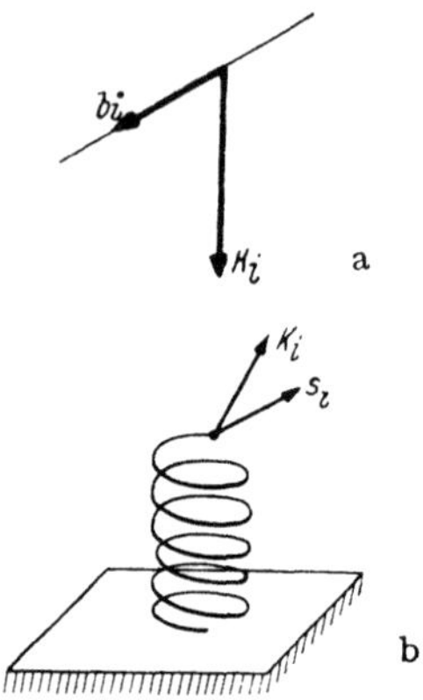


Abb. 16

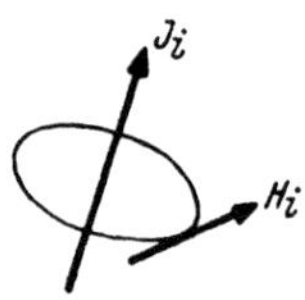


Abb. 17

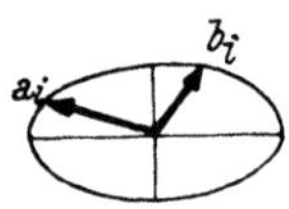


Abb. 18

ordnet ist, ist uns in (3, 05) begegnet, wenn wir dort $A_i$ als festen Vektor und $\lambda$ als Variable ansehen. Wir wollen uns hier vor allem mit jenen Fällen beschäftigen, wo einem Vektor wieder ein Vektor zugeordnet ist. Denken wir beispielsweise an die Bewegung eines Massenpunktes unter dem Einfluß einer Kraft $K_i$. Die Beschleunigung $b_i$, die der Massenpunkt erfährt, ist von $K_i$ abhängig und durch sie bestimmt. Wenn der Punkt frei beweglich ist, wird die Richtung von $b_i$ mit der von $K_i$ übereinstimmen, d. h. es wird $b_i = \lambda K_i$ sein, wo $\lambda$ ein fester skalarer Faktor ist. Legen wir aber dem Punkt die Bedingung auf, in einer festen Ebene $\varepsilon$ zu bleiben, so werden $b_i$ und $K_i$ im allgemeinen, d. h. wenn nicht auch $K_i$ in $\varepsilon$ liegt, verschiedene Richtungen haben (Abb. 16a). Einen noch allgemeineren Fall erhalten wir, wenn eine Kraft $K_i$ auf das Ende einer auf einer festen Unterlage befestigten Schraubenfeder wirkt (Abb. 16b).

Unter dem Einfluß der Kraft wird sich die Feder dehnen, der Federweg $s_i$ kann eine von der Richtung der Kraft abweichende Richtung aufweisen.

Ein anderes Beispiel bilden die Stromdichte $I_i$ und der Vektor $H_i$ der magnetischen Feldstärke (Abb. 17). Um auch noch ein geometrisches Beispiel anzugeben, betrachten wir konjugierte Durchmesser einer Ellipse, die wir wie in Abb. 18 durch vom Mittelpunkt aus gezogene Vektoren $a_i$ und $b_i$ bestimmen können. In allen diesen Beispielen sehen wir, daß die funktionale Abhängigkeit der Vektoren durch die Eigenschaften des betrachteten geometrischen oder physikalischen Objektes bestimmt ist.

Eine funktionale Abhängigkeit zwischen Vektoren wird analytisch jedenfalls dadurch gegeben sein, daß die Koordinaten des einen Vektors irgendwelche Funktionen der Koordinaten des anderen Vektors sind, wird also in der Form

$$Y_i = f_i\,(X_1,\ X_2,\ X_3)$$

darstellbar sein. Wir beschränken uns im folgenden aber ausschließlich auf den allereinfachsten Fall, daß die Funktionen $f_i$ linear und homogen sind:

$$\boxed{Y_i = A_{ij}\,X_j} \tag{8, 02}$$

oder ausführlicher:

$$\begin{aligned} Y_1 &= A_{11}\,X_1 + A_{12}\,X_2 + A_{13}\,X_3,\\ Y_2 &= A_{21}\,X_1 + A_{22}\,X_2 + A_{23}\,X_3,\\ Y_3 &= A_{31}\,X_1 + A_{32}\,X_2 + A_{33}\,X_3. \end{aligned}$$

Alle angeführten Beispiele sind von dieser Form. Die neun Zahlen $A_{ij}$ heißen einzeln die *Koordinaten eines Tensors*, und zwar insbesondere eines *Tensors zweiter Stufe*; in ihrer Gesamtheit bilden die $A_{ij}$ den Tensor selbst, genau so wie die Gesamtheit der drei Koordinaten eines Vektors mit diesem Vektor selbst zu identifizieren ist.

Wir erwähnen zwei wichtige Eigenschaften der linearen homogenen Vektorfunktionen (8, 02). Ersetzt man $X_j$ durch $\lambda\,X_j$, so folgt

$$A_{ij}\,(\lambda\,X_j) = \lambda\,A_{ij}\,X_j = \lambda\,Y_i, \tag{8, 03}$$

d. h. wird der Argumentvektor $X_i$ mit einer Zahl $\lambda$ multipliziert, so multipliziert sich auch der Funktionsvektor $Y_i$ mit derselben Zahl $\lambda$ oder: Zum $\lambda$-fachen Argument gehört die $\lambda$-fache Funktion.

Ist ferner $X_j = X_j' + X_j''$ die Summe zweier Vektoren und setzen wir

$$Y_i' = A_{ij} X_j', \quad Y_i'' = A_{ij} X_j'',$$

so wird

$$Y_i = A_{ij} X_j = A_{ij} (X_j' + X_j'') = A_{ij} X_j' + A_{ij} X_j'' = Y_i' + Y_i'';$$

für lineare homogene Vektorfunktionen gilt also: Die Funktion einer Summe von Vektoren ist gleich der Summe der Funktionen der einzelnen Vektoren.

Die neun Koordinaten eines Tensors zweiter Stufe schreibt man häufig als quadratisches Schema *(Matrix)*

$$\boxed{A_{ij} = \begin{pmatrix} A_{11} & A_{12} & A_{13} \\ A_{21} & A_{22} & A_{23} \\ A_{31} & A_{32} & A_{33} \end{pmatrix},} \qquad (8, 04)$$

was besonders in speziellen Fällen, wo die einzelnen Koordinaten zahlenmäßig angegeben sind, zweckmäßig ist. Die Schreibweise der Tensorkoordinaten ist aber keineswegs wesentlich für die Tensoren zweiter Stufe. Man könnte die Koordinaten auch nach irgendeinem anderen Schema anführen, z. B.

$$A_{ij} = (A_{11}, A_{12}, A_{13}, A_{21}, A_{22}, A_{23}, A_{31}, A_{32}, A_{33}).$$

Jeder Tensor zweiter Stufe läßt sich mit Hilfe seiner Koordinaten als quadratische neungliedrige Matrix darstellen, aber nicht jede solche Matrix stellt einen Tensor zweiter Stufe dar.

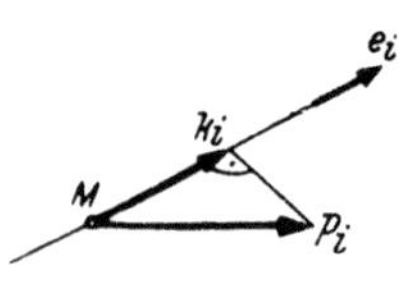

Abb. 19

Wir betrachten nun einige einfache Beispiele, und zwar zunächst eins aus der Mechanik (Abb. 19). Ein Massenpunkt $M$ sei auf einer Gleitstange verschiebbar angeordnet. Die Stange hat die Richtung des Einsvektors $e_i$. Wirkt nun auf den Punkt eine Kraft $P_i$, so entsteht eine den Punkt in Richtung der Stange vorwärtstreibende Kraft $K_i$, deren Betrag gleich der Projektion von $P_i$ auf $e_i$, also $P_j e_j$ ist. Die Kraft $K_i$ drückt sich dann durch ihren Betrag und den Vektor $e_i$ in folgender Form aus:

$$K_i = e_i e_j P_j.$$

Schreiben wir diese Gleichung ausführlich an, so erhalten wir:

$$K_1 = e_1 (e_1 P_1 + e_2 P_2 + e_3 P_3),$$
$$K_2 = e_2 (e_1 P_1 + e_2 P_2 + e_3 P_3),$$
$$K_3 = e_3 (e_1 P_1 + e_2 P_2 + e_3 P_3)$$

oder

$$K_1 = e_1^2 P_1 + e_1 e_2 P_2 + e_1 e_3 P_3,$$
$$K_2 = e_2 e_1 P_1 + e_2^2 P_2 + e_2 e_3 P_3,$$
$$K_3 = e_3 e_1 P_1 + e_3 e_2 P_2 + e_3^2 P_3.$$

Die Koeffizienten der Gleichungen haben alle die Form $e_i e_j$. Sie sind die Koordinaten eines Tensors $A_{ij} = e_i e_j$, so daß sich die obigen Gleichungen in der Form

$$K_i = A_{ij} P_j$$

schreiben lassen.

Wir nennen $e_i e_j$ den *Projektionstensor*, und zwar im besonderen den Projektionstensor auf die Richtung $e_i$. Für ihn gilt

$$e_i e_j = \begin{pmatrix} e_1^2, & e_1 e_2, & e_1 e_3 \\ e_2 e_1, & e_2^2, & e_2 e_3 \\ e_3 e_1, & e_3 e_2, & e_3^2 \end{pmatrix}$$

Ist z. B.

$$e_i = \frac{1}{3}, \frac{2}{3}, \frac{2}{3},$$

so ist

$$e_i e_j = \begin{pmatrix} \frac{1}{9}, & \frac{2}{9}, & \frac{2}{9} \\ \frac{2}{9}, & \frac{4}{9}, & \frac{4}{9} \\ \frac{2}{9}, & \frac{4}{9}, & \frac{4}{9} \end{pmatrix}.$$

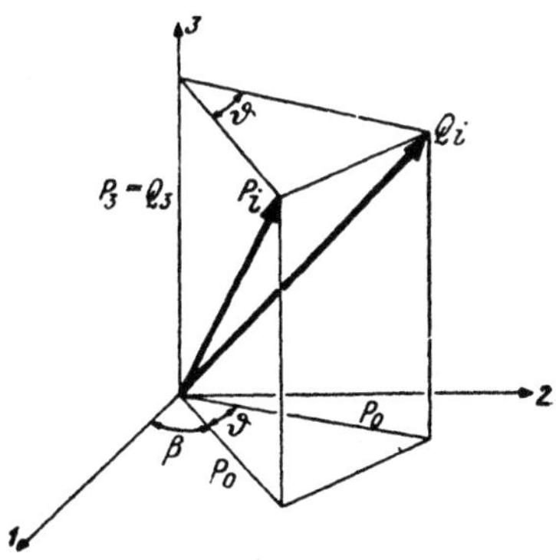


Abb. 20

Ein anderes Beispiel ist die Drehung eines Vektors um eine Achse (Abb. 20). Wir wählen die Drehung des Vektors $P_i$ durch den Winkel $\vartheta$ um die 3-Achse in den Vektor $Q_i$. Auf den allgemeinen Fall der Drehung um eine Achse beliebiger Richtung kommen wir in § 11 zurück.

Es ist, wenn $P_0$ die Länge der Projektion von $P_i$ oder $Q_i$ in die 1, 2-Ebene ist,

$$Q_1 = P_0 \cos(\beta + \vartheta),$$
$$Q_2 = P_0 \sin(\beta + \vartheta),$$
$$Q_3 = P_3$$

oder

$$Q_1 = P_0 \cos\beta \cos\vartheta - P_0 \sin\beta \sin\vartheta,$$
$$Q_2 = P_0 \cos\beta \sin\vartheta + P_0 \sin\beta \cos\vartheta,$$
$$Q_3 = P_3,$$

oder da

$$P_0 \cos\beta = P_1 \quad \text{und} \quad P_0 \sin\beta = P_2$$

ist,

$$Q_1 = P_1 \cos\vartheta - P_2 \sin\vartheta + P_3 \cdot 0,$$
$$Q_2 = P_1 \sin\vartheta + P_2 \cos\vartheta + P_3 \cdot 0,$$
$$Q_3 = P_1 \cdot 0 + P_2 \cdot 0 + P_3.$$

Der diese Drehung beschreibende Tensor lautet in Matrizenform

$$A_{ij} = \begin{pmatrix} \cos\vartheta & -\sin\vartheta & 0 \\ \sin\vartheta & \cos\vartheta & 0 \\ 0 & 0 & 1 \end{pmatrix}. \tag{8, 05}$$

Wir schreiben dann wieder

$$Q_i = A_{ij} P_j$$

und nennen $A_{ij}$ den *Drehtensor* um die 3-Achse.

Wir leiten uns noch einen weiteren speziellen Tensor ab, der einen ungemein einfachen, aber gerade deshalb besonders wichtigen Sonderfall darstellt. Wir bestimmen die Zuordnung der beiden Vektoren so, daß der eine Vektor mit dem anderen zusammenfällt, der ursprüngliche Vektor also in sich selbst übergeführt wird. Dann muß

$$A_1 = 1 \cdot A_1 + 0 \cdot A_2 + 0 \cdot A_3,$$
$$A_2 = 0 \cdot A_1 + 1 \cdot A_2 + 0 \cdot A_3,$$
$$A_3 = 0 \cdot A_1 + 0 \cdot A_2 + 1 \cdot A_3$$

sein. Wir bezeichnen diesen Tensor mit

$$\delta_{ij} = \begin{pmatrix} 1 & 0 & 0 \\ 0 & 1 & 0 \\ 0 & 0 & 1 \end{pmatrix} \tag{8, 06}$$

und es ist also

$$A_i = \delta_{ij} A_j. \tag{8, 07}$$

Der Tensor $\delta_{ij}$ wird nach seinem ersten Benützer das „Kroneckersche Delta" genannt. Er wird auch manchmal als *Einheitstensor zweiter Stufe* bezeichnet. Man merkt sich seine Koordinaten am besten nach der folgenden Regel:

$$\boxed{\begin{aligned} \delta_{ij} &= 1, \text{ wenn } i = j, \\ \delta_{ij} &= 0, \text{ wenn } i \neq j. \end{aligned}} \tag{8, 08}$$

Wir werden gelegentlich das Kroneckersche $\delta$ im Sinne von (8, 08) zur abgekürzten Schreibweise der Matrix (8, 06) ohne Rücksicht darauf verwenden, ob es sich um einen Tensor handelt oder nicht. Vgl. z. B. die Fußnote S. 54.

Diese Beispiele zeigen, daß die Eigenschaften gewisser geometrischer oder physikalischer Objekte, die irgendwie einem gegebenen Vektor einen bestimmten zweiten Vektor zuordnen, ihren mathematischen Ausdruck durch einen Tensor zweiter Stufe $A_{ij}$ finden, den man im gleichen Sinn mit dem Objekt selbst oder mit der durch dieses Objekt gegebenen Zuordnung identifizieren kann, wie man etwa auch sagt, „der Vektor $K_i$ *ist* die Kraft", obwohl genau genommen $K_i$ nur der mathematische Ausdruck für das „Kraft" genannte physikalische Objekt ist. In diesem Sinn kann man in einer der Anschauung entgegenkommenden Ausdrucksweise sagen: Ein Tensor (zweiter Stufe) ist eine Vorrichtung, die aus einem Vektor einen anderen herstellt. Es muß aber dann möglich sein, die Koordinaten $A_{ij}$ des Tensors durch geeignete Messungen an den Objekten zu gewinnen. Zu diesem Zwecke wählen wir willkürlich drei linear unabhängige Vektoren $\overset{k}{p}_i$, also ein Dreibein, und bestimmen die zugeordneten Vektoren $\overset{k}{q}_i$ experimentell mit Hilfe des vorliegenden geometrischen oder physikalischen Objektes, so daß dann die Gleichungen

$$\overset{k}{q}_i = A_{ij}\,\overset{k}{p}_j$$

bestehen müssen. Das ist aber ein System von neun linearen Gleichungen für die Unbekannten $A_{ij}$, das noch die sympathische Eigenschaft hat, in drei Gleichungssysteme für je drei Unbekannte zerlegt zu sein, und zwar erstens in das System

$$\overset{k}{p}_j\,A_{1j} = \overset{k}{q}_1, \tag{8, 09}$$

das (für $k = 1, 2, 3$) drei lineare Gleichungen für die Unbekannten $A_{11}, A_{12}, A_{13}$ darstellt, zweitens in das System

$$\overset{k}{p}_j\,A_{2j} = \overset{k}{q}_2 \tag{8, 10}$$

für die Unbekannten $A_{21}, A_{22}, A_{23}$ und drittens in das System

$$\overset{k}{p}_j\,A_{3j} = \overset{k}{q}_3 \tag{8, 11}$$

für die Unbekannten $A_{31}, A_{32}, A_{33}$. Die Koeffizientendeterminanten dieser drei Systeme stimmen überein und sind gleich der Determinante $\det \overset{k}{p}_j$ der Koordinaten der Vektoren des willkürlich gewählten Dreibeins, die sicher von Null verschieden ist, so daß die drei Systeme (8, 09) bis (8, 11) eindeutig bestimmte Lösungen $A_{ij}$ haben. Wir werden in § 13 zeigen, daß man dieses Verfahren durch geeignete Wahl der Vektoren $\overset{k}{p}_j$ noch wesentlich vereinfachen kann.

In der symbolischen Schreibweise setzt man für Tensoren besondere Buchstaben, z. B. griechische Großbuchstaben. An Stelle von (8, 02) schreibt man dann

$$\mathfrak{Y} = \Phi\, \mathfrak{X} = \Phi \cdot \mathfrak{X}, \tag{8, 12}$$

wobei der Punkt die besondere Art der Multiplikation andeutet. Die Einführung der Tensoren läßt sich jedoch auch in der symbolischen Schreibweise einfach nur mit Hilfe der Koordinaten ähnlich der ausführlichen Form durchführen. In der symbolischen Schreibweise muß man auf die Reihenfolge der Faktoren achten, denn es ist im allgemeinen

$$\Phi \cdot \mathfrak{X} \neq \mathfrak{X} \cdot \Phi,$$

so wie

$$A_{ij} X_j \neq A_{ji} X_j$$

ist. Für das Kroneckersche $\delta$ verwendet man oft das Zeichen $I$ (großes Jota), so daß

$$\mathfrak{X} = I \cdot \mathfrak{X} = \mathfrak{X} \cdot I$$

ist, in Übereinstimmung mit (8, 07).

Aufgabe

Es ist der Tensor anzugeben, der jedem Vektor des Raumes seine Projektion auf eine gegebene Ebene zuordnet.

## § 9. Orthogonale Transformationen und Bewegungsgruppe

Die eben geschilderte Bestimmung der Tensorkoordinaten $A_{ij}$ bzw. die Zusammenfassung der Koordinaten zu dem Begriff des Tensors hat ebenso wie die Zusammenfassung der Koordinaten zu dem Begriff des Vektors nur dann einen Sinn, wenn man weiß, daß es sich um Eigenschaften handelt, die dem geometrischen oder physikalischen Objekt selbst innewohnen und nicht irgendwie von der Art der Darstellung abhängen. Das heißt aber nichts anderes, als daß die Eigenschaften des betrachteten Objektes ungeändert bleiben müssen, wenn wir das Koordinatensystem irgendwie verändern, also von dem ursprünglich gewählten zu einem anderen übergehen.

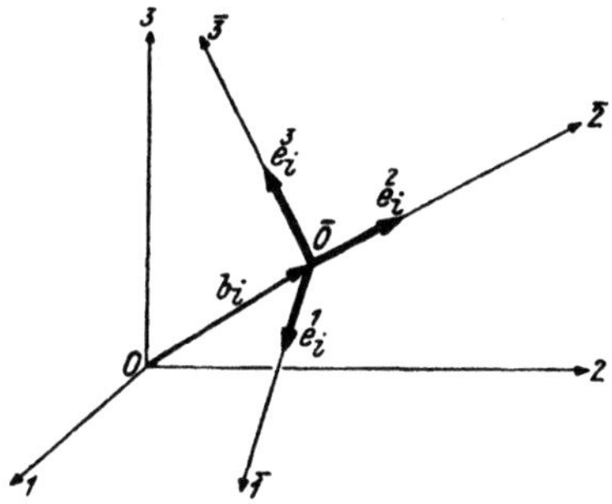

Abb. 21

Unsere Aufgabe wird es also vor allem sein, solche Änderungen oder Transformationen der Koordinatensysteme näher zu untersuchen. Wir beschränken uns dabei weiterhin auf rechtwinkelige Systeme und erinnern daran, daß wir in § 2 bereits eine spezielle Transformation derselben untersucht haben, nämlich die Parallelverschiebung (2, 02); jetzt wollen wir uns dem allgemeinen Falle zuwenden und betrachten zu diesem Zwecke zwei Koordinatensysteme, die sich in möglichst allgemeiner Lage zueinander befinden (Abb. 21).

Die alten Achsen seien 1, 2, 3, die neuen Achsen $\bar{1}$, $\bar{2}$, $\bar{3}$ und die Verschiebung des Nullpunktes $O \to \bar{O}$ durch den Ortsvektor $b_i$ des Ursprunges $\bar{O}$ des neuen Systems, bezogen auf das alte System, gekennzeichnet. Um die Verdrehung angeben zu können, denken wir uns in die Richtung jeder der neuen Achsen einen Einsvektor $\overset{j}{e}_i$ gelegt, wobei $\overset{j}{e}_i$ die Koordinaten dieser Einsvektoren im alten System sind. Die Winkel zwischen den alten und neuen Achsen lassen sich dann in folgender Weise ausdrücken:

$$\cos \alpha_{ij} = a_{ij} = \overset{j}{e}_i.$$

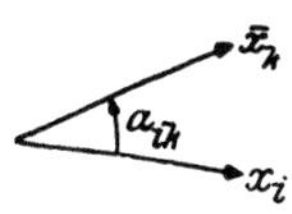

Abb. 22

Dabei ist der Winkel $\alpha_{ij}$ im Sinne der Abb. 22 zu verstehen, d. h. es ist z. B. $\alpha_{12}$ der Winkel, um den die 1-Achse zu verdrehen ist, um in die Lage der $\bar{2}$-Achse zu kommen; daher ist im allgemeinen

$$a_{ij} \neq a_{ji}.$$

Wir bemerken sogleich eine wichtige Eigenschaft der Koeffizienten $a_{ij}$. Es ist nämlich:

$$\overset{j}{e}_i \overset{k}{e}_i = a_{ij} a_{ik} = 1, \text{ wenn } j = k \text{ ist,}$$

da die $\overset{j}{e}_i$ Einsvektoren sind, und

$$\overset{j}{e}_i \overset{k}{e}_i = a_{ij} a_{ik} = 0, \text{ wenn } j \neq k \text{ ist,}$$

da die $\overset{j}{e}_i$ (für $j = 1, 2, 3$) zu je zweien aufeinander senkrecht stehen. Diese beiden Beziehungen lassen sich mit Hilfe der $\delta_{ij}$ in der Form[1]

$$\boxed{a_{ik} a_{il} = \delta_{kl}} \tag{9, 01}$$

zusammenfassen. In gleicher Weise können wir Einsvektoren in der Richtung der alten Achsen anordnen, die im neuen System die Koordinaten $\overset{j}{\eta}_i$ haben, wobei sich jetzt der Index $j$ auf die Achse des alten Systems, in der der Einsvektor liegt, der Index $i$ sich jedoch auf die drei Koordinatenachsen $\bar{1}$, $\bar{2}$, $\bar{3}$ des neuen Systems bezieht.

Der Winkel zwischen der $j$-Achse und der $\bar{i}$-Achse ist dann

$$\cos \alpha_{ji} = a_{ji} = \overset{j}{\eta}_i,$$

und in gleicher Weise wie oben erhalten wir

$$\boxed{a_{ki} a_{li} = \delta_{kl}.} \tag{9, 02}$$

(9, 01) oder (9, 02) drücken die bekannten Eigenschaften der Richtungscosinus von zwei gegeneinander verdrehten rechtwinkeligen Koordinatensystemen aus.

Wir bemerken noch, daß aus (9, 01) und (9, 02) die folgenden Relationen für ein beliebiges normiertes Dreibein $\overset{j}{e}_i$ folgen:

$$\overset{j}{e}_i \overset{k}{e}_i = \delta_{jk} \tag{9, 03}$$

und

$$\overset{i}{e}_j \overset{i}{e}_k = \delta_{jk}. \tag{9, 04}$$

Die Gleichungen (9, 03) sagen nichts anderes aus, als daß die Vek-

[1] Die Zahlen $\delta_{ij}$ sind dabei kein Tensor, sondern nur eine abgekürzte Schreibweise der Matrix (8, 06).

toren $\overset{j}{e}_i$ zu je zweien senkrechte Einsvektoren sind. (9, 04) sagt dasselbe über die Vektoren $\overset{j}{\eta}_i$, denn es gilt

$$\cos \alpha_{ij} = a_{ij} = \overset{j}{e}_i = \overset{i}{\eta}_j$$

und daher wird (9, 04) zu

$$\overset{j}{\eta}_i \overset{k}{\eta}_i = \delta_{jk}.$$

Wir berechnen zunächst die Determinante $A$ der Richtungscosinus $a_{ik}$. Schreiben wir diese Determinante zweimal nebeneinander an und berechnen wir das Produkt in bekannter Weise durch Kombination der Spalten beider Faktoren, so ergibt sich wegen (9, 02) die Determinante der $\delta_{ik}$, die nach (8, 06) in der Hauptdiagonale lauter Einser, sonst lauter Nullen und somit den Wert 1 hat. Es ist also

$$A^2 = 1 \tag{9, 05}$$

und somit $A$ selbst entweder gleich $+1$ oder gleich $-1$. Wir können uns leicht überzeugen, was diese beiden Möglichkeiten geometrisch bedeuten. Sind die beiden Koordinatensysteme gleich orientiert (§ 2), so können wir uns vorstellen, daß das eine durch eine stetige Bewegung im Sinne der Kinematik (als starrer Körper) aus dem anderen hervorgeht. Bei einer stetigen Bewegung kann sich aber die Determinante selbst auch nur stetig ändern, denn ihr Wert $A$ ist eine stetige Funktion der $a_{ik}$ und diese selbst sind bei einer solchen Bewegung ebenso wie die $b_i$ stetige Funktionen $a_{ik}(t)$, $b_i(t)$ der Zeit $t$. Da aber $A$ nur entweder $+1$ oder $-1$ ist, muß $A$ überhaupt konstant sein, d. h. während der Bewegung seinen Wert beibehalten. In der Anfangslage, zur Zeit $t = 0$ etwa, gilt aber für die Winkel

$$\alpha_{ik}(0) = 0, \text{ wenn } i = k,$$

$$\alpha_{ik}(0) = \frac{\pi}{2}, \text{ wenn } i \neq k$$

und somit für die Cosinus

$$a_{ik}(0) = \delta_{ik},$$

d. h. aber, daß $A = +1$ ist. Sind die beiden Koordinatensysteme aber verschieden orientiert, so lassen sie sich durch eine stetige Bewegung nicht völlig zur Deckung bringen, sondern nur so weit, daß je zwei der drei Achsen nach Lage und Orientierung übereinstimmen, während die dritten Achsen, z. B. die beiden 3-Achsen, verschiedene Orientierung haben. In diesem Fall ist aber

$$\alpha_{11} = \alpha_{22} = 0, \quad \alpha_{33} = \pi, \quad \alpha_{ik} = \frac{\pi}{2} \text{ für } i \neq k$$

und daher wird die Determinante $A$

$$A = \begin{vmatrix} 1 & 0 & 0 \\ 0 & 1 & 0 \\ 0 & 0 & -1 \end{vmatrix} = -1.$$

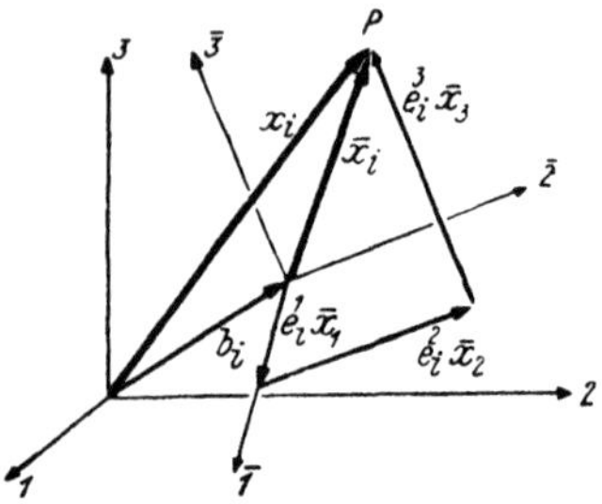


Abb. 23

Es gilt also: Die Determinante $A$ einer Transformation rechtwinkeliger Koordinatensysteme hat den Wert $+1$ oder $-1$, je nachdem die beiden Systeme gleich oder entgegengesetzt orientiert sind.

Mit Hilfe der Koeffizienten $a_{ik}$ können wir jetzt die Koordinaten eines Punktes in beiden Systemen vergleichen.

Betrachten wir einen Punkt $\bar{x}_i$ im neuen System (Abb. 23), so finden wir den Ortsvektor $x_i$ des Punktes im alten System durch Aneinanderfügen der vier Vektoren $b_i$, $\overset{1}{e}_i \bar{x}_1$, $\overset{2}{e}_i \bar{x}_2$ und $\overset{3}{e}_i \bar{x}_3$; also ist

$$x_i = b_i + \overset{1}{e}_i \bar{x}_1 + \overset{2}{e}_i \bar{x}_2 + \overset{3}{e}_i \bar{x}_3.$$

Ersetzt man noch die $\overset{j}{e}_i$ durch die $a_{ij}$, so gelangt man zu den Gleichungen

$$\boxed{x_i = a_{ij} \bar{x}_j + b_i,} \tag{9, 06}$$

die angeben, wie die Ortsvektoren oder Koordinaten eines Punktes in bezug auf zwei verschiedene Koordinatensysteme zusammenhängen. Da alle Punkte des Raumes gemäß dieser Formel ihre Koordinaten ändern, so gibt (9, 06) das allgemeine Transformationsgesetz für rechtwinkelige Koordinatensysteme an.

Ist $a_{ij} = \delta_{ij}$, so geht (9, 06) über in die *Parallelverschiebung* (2, 02); ist $b_i = 0$, so bleibt der Ursprung des Koordinatensystems fest und (9, 06) stellt eine reine *Drehung* dar. Man kann die allgemeine Transformation (9, 06), die wir auch als *Bewegung* bezeichnen, stets durch eine Aufeinanderfolge von Parallelverschiebung und Drehung ersetzen, indem man zunächst vom System $x_i$ durch die Parallelverschiebung

$$x_i = \bar{\bar{x}}_i + b_i$$

zu einem System $\bar{\bar{x}}_i$ übergeht und dann von diesem durch die Drehung

$$\bar{\bar{x}}_i = a_{ij}\, \bar{x}_j$$

zum System $\bar{x}_j$. Bemerkt sei, daß man die Namen Drehung und Bewegung nur im Fall einer positiven Transformationsdeterminante $A = +1$ verwendet, ansonsten, also bei $A = -1$, spricht man von Umlegungen. Die Transformationen (9, 06) nennt man auch *orthogonale Transformationen*, und zwar spricht man insbesondere von *eigentlich* oder *uneigentlich* orthogonalen Transformationen, je nachdem $A = +1$ oder $A = -1$ ist.

Aus (9, 06) folgt, wenn wir beiderseits mit $a_{ik}$ multiplizieren und vereinbarungsgemäß über $i$ summieren, wegen (9, 01)

$$a_{ik}\, x_i = a_{ik}\, a_{ij}\, \bar{x}_j + a_{ik}\, b_i = \delta_{kj}\, \bar{x}_j + a_{ik}\, b_i = \bar{x}_k + a_{ik}\, b_i$$

oder

$$\boxed{\bar{x}_j = a_{ij}\, x_i + \bar{b}_j,} \tag{9, 07}$$

wo $\bar{b}_j = -a_{ij}\, b_i$ gesetzt ist. (9, 07) ist die Umkehrung von (9, 06), d. h. die Auflösung nach $\bar{x}_j$ und wird als die zu (9, 06) *inverse* Transformation bezeichnet.

Wir müssen nun einen der wichtigsten Begriffe der modernen Geometrie kurz erörtern, der besonders für die Begründung der Tensorrechnung von fundamentaler Bedeutung ist. Wir erklären zunächst:

Irgendeine definierte Gesamtheit $\mathfrak{G}$ von Transformationen

$$x_i = f_i\,(\bar{x}_1, \bar{x}_2, \bar{x}_3) \tag{9, 08}$$

ist eine *Transformationsgruppe*, wenn

1. die Ausübung von zwei Transformationen von $\mathfrak{G}$ hintereinander stets wieder eine zu $\mathfrak{G}$ gehörende Transformation liefert,

2. die identische Transformation

$$x_i = \bar{x}_i \tag{9, 09}$$

in $\mathfrak{G}$ vorhanden ist und

3. zu jeder Transformation (9, 08) von $\mathfrak{G}$ auch die inverse Transformation

$$\bar{x}_i = g_i(x_1, x_2, x_3) \tag{9, 10}$$

zu $\mathfrak{G}$ gehört. Dabei ist die zu (9, 08) inverse Transformation (9, 10) definiert durch die Identitäten

$$f_i(g_1(x_1\, x_2\, x_3),\ g_2(x_1\, x_2\, x_3),\ g_3(x_1\, x_2\, x_3)) = x_i \tag{9, 11}$$

und

$$g_i(f_1(\bar{x}_1\, \bar{x}_2\, \bar{x}_3),\ f_2(\bar{x}_1\, \bar{x}_2\, \bar{x}_3),\ f_3(\bar{x}_1\, \bar{x}_2\, \bar{x}_3)) = \bar{x}_i. \tag{9, 12}$$

Führt man eine beliebige Transformation aus und dann ihre inverse, so ist das Resultat die identische Transformation.

Wir behaupten nun: Die Gesamtheit aller Transformationen (9, 06), für die (9, 01) gilt, bilden eine Gruppe. In der Tat ist für $a_{ij} = \delta_{ij}$ und $b_i = 0$ die zweite Forderung erfüllt; daß die dritte ebenfalls erfüllt ist, haben wir in (9, 07) nachgewiesen, so daß wir nur noch zeigen müssen, daß auch die erste Forderung befriedigt ist. Es seien also die Transformationen (9, 06), (9, 01) und

$$\bar{x}_i = \bar{a}_{ik}\, \bar{\bar{x}}_k + \bar{b}_i \tag{9, 13}$$

mit

$$\bar{a}_{ik}\, \bar{a}_{il} = \delta_{kl} \tag{9, 14}$$

vorgelegt. Führt man sie hintereinander aus, d. h. setzt man (9, 13) in (9, 06) ein, so folgt

$$x_i = a_{ij}(\bar{a}_{jk}\, \bar{\bar{x}}_k + \bar{b}_j) + b_i = a_{ij}\, \bar{a}_{jk}\, \bar{\bar{x}}_k + a_{ij}\, \bar{b}_j + b_i$$

oder

$$x_i = \bar{\bar{a}}_{ik}\, \bar{\bar{x}}_k + \bar{\bar{b}}_i, \tag{9, 15}$$

wobei wir

$$\bar{\bar{a}}_{ik} = a_{ij}\, \bar{a}_{jk} \tag{9, 16}$$

und

$$\bar{\bar{b}}_i = a_{ij}\, \bar{b}_j + b_i \tag{9, 17}$$

gesetzt haben.

Wir haben zu zeigen, daß die Transformation (9, 16) ebenfalls orthogonal ist, d. h. daß die Koeffizienten $\bar{\bar{a}}_{ij}$ den zu (9, 01) analogen Relationen

$$\bar{\bar{a}}_{ik}\, \bar{\bar{a}}_{ih} = \delta_{kh} \tag{9, 18}$$

genügen. Wegen (9, 16), (9, 01) und (9, 14) folgt

$$a_{ij}\, \bar{a}_{jk}\, a_{il}\, \bar{a}_{lh} = a_{ij}\, a_{il}\, \bar{a}_{jk}\, \bar{a}_{lh} = \delta_{jl}\, \bar{a}_{jk}\, \bar{a}_{lh} = \bar{a}_{jk}\, \bar{a}_{jh} = \delta_{kh},$$

also gerade (9, 18).

Hängt die allgemeine Transformation $x_i = f_i(\bar{x}_1, \bar{x}_2, \bar{x}_3)$ einer Gruppe von $r$ unabhängigen Veränderlichen oder Parametern $a_1$, $a_2, \ldots, a_r$ so ab, daß eine und nur eine Transformation der Gruppe festgelegt ist, sobald man den Parametern bestimmte Werte erteilt und daß man derart auch alle Transformationen der Gruppe erhält, so spricht man von einer *r-gliedrigen Transformationsgruppe*[1].

Eine Teilmenge von Transformationen einer Gruppe heißt *Untergruppe*, wenn die Transformationen der Teilmenge bereits für sich eine Gruppe sind, d. h. den obigen drei Bedingungen genügen.

Die Gruppe der orthogonalen Transformationen ist sechsgliedrig, da sie von sechs Parametern abhängt. Diese sechs Parameter sind zunächst die drei $b_i$, während zwischen den neun Koeffizienten $a_{ij}$ die sechs Relationen (9, 01) bestehen, also nur drei wesentliche Parameter bleiben. Das stimmt damit überein, daß die durch die $a_{ij}$ bestimmte Drehung des Koordinatensystems durch die Angabe von drei Zahlen festgelegt werden kann; wir brauchen ja dazu nur die Richtung der Drehachse zu kennen, die durch zwei Zahlenangaben (z. B. die beiden Winkel der räumlichen Polarkoordinaten) gegeben ist, sowie den Drehwinkel. Wir nennen diese Gruppe, die also alle Bewegungen ($A = +1$) und Umlegungen ($A = -1$) des Koordinatensystems umfaßt, die *erweiterte Bewegungsgruppe*.

Untergruppen dieser Gruppe sind:

1. Die *Bewegungsgruppe* (im engeren Sinn), also die Gruppe aller eigentlich orthogonalen Transformationen (mit $A = +1$). Diese Gruppe ist ebenfalls sechsgliedrig. Die uneigentlich orthogonalen Transformationen oder Umlegungen bilden keine Untergruppe. Man überzeugt sich an Hand von (9, 16) leicht, daß sich bei der Zusammensetzung von Transformationen die Transformationsdeterminanten miteinander multiplizieren; zwei Umlegungen ergeben daher, hintereinander ausgeführt, eine Bewegung und keine Umlegung.

2. Die dreigliedrige *erweiterte Drehungsgruppe*, d. h. alle Transformationen (9, 06), (9, 01) mit $b_i = 0$.

[1] Dabei müssen wir allerdings noch annehmen, daß die Parameter alle wesentlich sind, d. h. daß man die allgemeine Transformation der Gruppe nicht schon als Funktion von weniger als $r$ Parametern darstellen kann.

3. Die ebenfalls dreigliedrige *Drehungsgruppe* (im engeren Sinn, also dieselbe Gruppe wie 2), aber mit der Einschränkung $A = +1$.

4. Die dreigliedrige Gruppe der *Parallelverschiebungen* $x_i = \bar{x}_i + b_i$, also (9, 06) mit $a_{ij} = \delta_{ij}$.

Wir legen unseren folgenden Entwicklungen die Bewegungsgruppe $\mathfrak{B}$ im engeren Sinn zugrunde, d. h. wir beschränken uns auf die Betrachtung rechts orientierter Koordinatensysteme, die nur durch Bewegungen ineinander übergeführt werden, und werden nur ausnahmsweise auch Umlegungen betrachten.

Es sei nun eine ganz beliebige Transformationsgruppe $\mathfrak{G}$ vorgelegt. Jede Größe $I$, die bei Ausführung einer beliebigen Transformation von $\mathfrak{G}$ ungeändert bleibt, heißt dann eine *Invariante* von $\mathfrak{G}$ oder genauer eine Invariante gegenüber allen Transformationen von $\mathfrak{G}$. Geht das Koordinatensystem $x_i$ durch eine Transformation von $\mathfrak{G}$ über in das System $\bar{x}_i$ und ist $I$ eine Größe im System $x_i$, $\bar{I}$ die entsprechende Größe im System $\bar{x}_i$, so ist $I$ eine Invariante, wenn

$$\bar{I} = I \tag{9, 19}$$

gilt.

Die wichtigsten Invarianten der Bewegungsgruppe sind die Längen von Strecken und die Winkel zweier Richtungen. Es ist klar, daß sich die Seiten und Winkel eines Dreiecks nicht ändern, wenn wir das Koordinatensystem ändern. Was sich ändert, das sind die Koordinaten der Ecken und die Gleichungen der Seiten, wobei die letzteren aber immer noch eine wichtige Eigenschaft beibehalten, nämlich die Linearität. Wenn wir ein geometrisches Gebilde durch Gleichungen in einem bestimmten kartesischen Koordinatensystem darstellen, so werden die Gradzahlen dieser Gleichungen ebenfalls Invarianten der Bewegungsgruppe sein[1]. Die Eigenschaften der geometrischen Gebilde, die wir mit Hilfe der Koordinaten untersuchen, sind ebenfalls unabhängig von der besonderen Wahl des Koordinatensystems. Sie werden sich also durch Gleichungen ausdrücken, deren allgemeiner Bau in jedem kartesischen Koordinatensystem derselbe ist.

[1] Der Grad einer Gleichung ist gegenüber jeder linearen Transformation der Koordinaten invariant.

So drückt sich das Quadrat des Abstandes $D$ zweier Punkte $x_i$, $y_i$ in jedem rechtwinkeligen Koordinatensystem durch

$$D^2 = (x_i - y_i)(x_i - y_i)$$

aus; die rechte Seite dieser Gleichung ist also nicht nur ihrem Wert nach, sondern auch der Gestalt nach invariant gegenüber jeder Bewegung des Koordinatensystems. Der Wert von $D^2$ ändert sich auch nicht, wenn wir Polarkoordinaten einführen, aber die rechte Seite, d. h. die Formel, die angibt, wie $D^2$ aus den Koordinaten der beiden Punkte zu berechnen ist, diese Formel gewinnt ein völlig anderes Aussehen. Der Grund, weshalb man in der euklidischen Geometrie rechtwinkelige Koordinatensysteme bevorzugt, ist eben der, daß sich in diesen Koordinaten die geometrischen Beziehungen in besonders einfacher Weise darstellen, und zwar nicht nur in einem speziellen, sondern gleichmäßig in allen rechtwinkeligen Koordinatensystemen. Die allgemeine Gleichung

$$(x_i - a_i)(x_i - a_i) = r^2 \tag{9, 20}$$

einer Kugel mit dem Mittelpunkt $a_i$ und dem Radius $r$ läßt sich natürlich durch die Wahl eines speziellen Koordinatensystems, dessen Ursprung im Kugelmittelpunkt liegt, weiter zu

$$x_i\, x_i = r^2$$

vereinfachen. In schiefwinkeligen Koordinaten aber würde an Stelle von (9, 20) eine Gleichung treten, die zwar auch noch vom zweiten Grad ist, aber sonst keinerlei Merkmale enthielte, die sie sofort als Gleichung einer Kugel und nicht einer anderen Fläche zweiten Grades erkennen läßt.

Wenn aber alle wesentlichen geometrischen Größen Invarianten sind und sich alle Beziehungen von geometrischen Gebilden durch invariante Gleichungen ausdrücken lassen, immer in bezug auf eine bestimmte Transformationsgruppe, dann ist überhaupt jede Geometrie identisch mit der Invariantentheorie einer bestimmten Transformationsgruppe und insbesondere die euklidische Geometrie identisch mit der Invariantentheorie der Bewegungsgruppe.

Die Tensorrechnung selbst können wir von diesem Standpunkt als ein besonders zweckmäßiges und automatisch funktionierendes Rechenverfahren zur Ermittlung von Invarianten und invarianten Relationen ansehen. Dazu muß aber der Begriff des Tensors, also insbesondere auch der des Vektors, ebenso wie der Invariantenbegriff (Tensor 0-ter Stufe!) exakt von der Transformationsgruppe her erfaßt werden.

Aufgaben

1. Man bestimme $x$, $y$, $z$ so, daß

$$\begin{pmatrix} \frac{\sqrt{2}}{4} & -\frac{\sqrt{2}}{2} & -\frac{\sqrt{6}}{4} \\ \frac{\sqrt{2}}{4} & \frac{\sqrt{2}}{2} & -\frac{\sqrt{6}}{4} \\ x & y & z \end{pmatrix}$$

die Matrix a) einer eigentlich orthogonalen Transformation, b) einer uneigentlich orthogonalen Transformation wird. — Zu a). Es sind die Transformationsgleichungen und die der inversen Transformation anzuschreiben.

2. Zu zeigen: Das Teilverhältnis $\mu = \frac{A\,P}{B\,P}$ dreier Punkte ist gegenüber der *Transformation* $x_i = a_{ij}\,\bar{x}_j$ invariant.

## § 10. Tensoren und einfachste Tensoroperationen

Wir definieren also die Tensoren durch das Verhalten ihrer Koordinaten bei Ausführung einer Bewegung des Koordinatensystems, die durch

$$x_i = a_{ij}\,\bar{x}_j + b_i \tag{10, 01}$$

mit

$$a_{ij}\,a_{ih} = \delta_{jh} \tag{10, 02}$$

oder

$$a_{hi}\,a_{ji} = \delta_{hj} \tag{10, 03}$$

gegeben ist. (10, 01) kann als das Transformationsgesetz der Koordinaten des Ortsvektors, d. h. der Punktkoordinaten angesehen werden. Ist

$$A_i = y_i - x_i$$

ein Vektor (Tensor 1. Stufe), wobei $x_i$ und $y_i$ Anfangs- und Endpunkt sind, so folgt in den neuen Koordinaten $\bar{x}_i$, $\bar{y}_i$

$$A_i = y_i - x_i = (a_{ij}\,\bar{y}_i + b_i) - (a_{ij}\,\bar{x}_i + b_i)$$
$$= a_{ij}\,(\bar{y}_j - \bar{x}_j)\,;$$

nun sind aber

$$\bar{A}_i = \bar{y}_i - \bar{x}_i \tag{10, 04}$$

die Koordinaten des Vektors $A_i$ im neuen System, so daß

$$\boxed{A_i = a_{ij}\,\bar{A}_j} \tag{10, 05}$$

das Transformationsgesetz der Vektoren ist. Multiplizieren wir (10, 05) mit $a_{ih}$ (über $i$ ist dann zu summieren), so folgt wegen (10, 02)

$$a_{ih} A_i = a_{ih} a_{ij} \bar{A}_j = \delta_{hj} \bar{A}_j = \bar{A}_h$$

oder, bei geänderter Bezeichnung der Indizes,

$$\boxed{\bar{A}_i = a_{ji} A_j.} \qquad (10, 06)$$

Man beachte den Unterschied in der Stellung der Indizes gegenüber (10, 05). Wir erinnern daran, daß nach § 9 Abb. 22 in $a_{ij}$ sich der erste Index ($i$) auf das ungestrichene, der zweite Index ($j$) auf das gestrichene System bezieht. Jetzt sind wir in der Lage, den Begriff des Vektors streng und in voller Allgemeinheit zu definieren: *Ein Vektor ist ein System von drei Zahlen* $A_i = (A_1, A_2, A_3)$, *seinen Koordinaten, die sich bei einer Bewegung* (10, 01), (10, 02) *des Koordinatensystems gemäß* (10, 05) *oder* (10, 06) *transformieren.*

(10, 06) gibt uns nun die Möglichkeit, in jedem Fall festzustellen, ob es sich bei einer vorgelegten Größe um einen Vektor im strengen Sinne handelt oder nicht. Der normale Fall ist jener, bei dem uns die Koordinaten einer Größe für alle Koordinatensysteme der Bewegungsgruppe gegeben sind. Erfüllen diese Koordinaten (10, 06), dann liegt ein Vektor vor. Es kann aber sein, daß die Koordinaten einer Größe nur in einem einzigen bestimmten System gegeben sind und über die Koordinaten in allen anderen Systemen nichts festliegt. Dann können wir die Größe zu einem Vektor machen, wenn wir bestimmen, daß (10, 06) gelten soll.

Von der Transformation (10, 01) der Punktkoordinaten (des Ortsvektors) unterscheidet sich (10, 05) vor allem durch die Homogenität, d. h. durch den Wegfall der $b_i$, die die Parallelverschiebung angeben. Der Ortsvektor ist also kein Vektor im Sinn der obigen Definition; wir haben darauf schon im § 2 hingewiesen. Ähnlich ist der Ursprung des Koordinatensystems kein Punkt, wenn er auch für jedes Koordinatensystem mit einem Punkt zusammenfällt. Denn wenn wir in (10, 01) z. B. $\bar{x}_j = 0$ setzen, so folgt $x_i = b_i$ und nicht $x_i = 0$, die $x_i = b_i$ sind eben die Koordinaten des Punktes, in dem der Ursprung des Systems $\bar{x}_i$ liegt, aber nicht die Koordinaten des Ursprungs des Systems $x_i$. Es hat natürlich wenig Sinn, sich mit solchen Dingen allzusehr zu belasten, aber es ist gut, wenn man sich den Sachverhalt einmal gründlich klargemacht hat, damit man in ähnlichen Fällen Bescheid weiß.

Das Quadrat der Länge $A$ des Vektors $A_i$ ist

$$A^2 = A_i A_i = a_{ij} \bar{A}_j a_{ik} \bar{A}_k =$$
$$= a_{ij} a_{ik} \bar{A}_j \bar{A}_k = \delta_{jk} \bar{A}_j \bar{A}_k = \bar{A}_j \bar{A}_j = \bar{A}^2,$$

also eine Invariante; dagegen ist das Quadrat der Länge $x$ des Ortsvektors $x_i$ *keine* Invariante, denn es ist

$$x^2 = (a_{ij} \bar{x}_j + b_i)(a_{ik} \bar{x}_k + b_i),$$
$$= a_{ij} a_{ik} \bar{x}_j \bar{x}_k + a_{ij} b_i \bar{x}_j + a_{ik} b_i \bar{x}_k + b_i b_i,$$
$$= \bar{x}_j \bar{x}_j + 2 a_{ij} b_i \bar{x}_j + b_i b_i = \bar{x}^2 + 2 a_{ij} b_i \bar{x}_j + b_i b_i,$$

also ist $\bar{x}^2 \neq x^2$, wenigstens solange nicht $b_i = 0$ ist. Dann werden aber (10, 01) und (10, 05) identisch, d. h. in der Drehungsgruppe gibt es keinen Unterschied zwischen Vektoren und Ortsvektoren.

Wir haben in § 8 die Tensoren zweiter Stufe als Ausdruck der Eigenschaften solcher geometrischer oder physikalischer Anordnungen erkannt, die einen Vektor stets wieder einem Vektor zuordnen, wobei diese Zuordnung linear und homogen in den Vektorkoordinaten ist (8, 02). Wir wollen nun sehen, was sich aus dieser Definition ergibt, wenn wir das Koordinatensystem nach (10, 01) ändern. Aus

$$U_i = A_{ij} X_j \qquad (10, 07)$$

folgt wegen (10, 05)

$$a_{ij} \bar{U}_j = A_{ij} a_{jk} \bar{X}_k$$

oder, wenn wir beiderseits mit $a_{ih}$ multiplizieren (und natürlich wie immer über den doppelten Index $i$ summieren):

$$a_{ih} a_{ij} \bar{U}_j = \delta_{hj} \bar{U}_j = \bar{U}_h = A_{ij} a_{ih} a_{jk} \bar{X}_k. \qquad (10, 08)$$

Wenn nun die Zuordnung (10, 07) überhaupt eine vom Koordinatensystem unabhängige Bedeutung haben soll, dann muß sie in den neuen Koordinaten mit den Querstrichen jedenfalls in der Form

$$\bar{U}_i = \bar{A}_{ij} \bar{X}_j \qquad (10, 09)$$

erscheinen; wir sehen aber, daß wir diese Form aus (10, 08)

ohne weiteres erhalten — bis auf die Bezeichnung der Indizes, die natürlich belanglos ist —, wenn wir

$$\boxed{\bar{A}_{hk} = a_{ih}\, a_{jk}\, A_{ij}} \tag{10, 10}$$

setzen. Das ist das Transformationsgesetz der Tensoren zweiter Stufe, allerdings in der nach den gestrichenen Komponenten aufgelösten Form. Wir erhalten aber durch Multiplikation mit $a_{ph}\, a_{qk}$ und Summation über $h$ und $k$

$$\bar{A}_{hk}\, a_{ph}\, a_{qk} = a_{ih}\, a_{ph}\, a_{jk}\, a_{qk}\, A_{ij} = \delta_{ip}\, \delta_{jq}\, A_{ij} = A_{pq},$$

also bei geänderter Bezeichnung der Indizes

$$\boxed{A_{hk} = a_{hi}\, a_{kj}\, \bar{A}_{ij}.} \tag{10, 11}$$

Wir können (10, 10) oder die gleichwertigen Relationen (10, 11) als *Definition der Tensoren zweiter Stufe* ansehen. Sie geben uns die Möglichkeit, in jedem Falle nachzuprüfen, ob wir es wirklich mit einem Tensor zu tun haben. Nur dann, wenn das den Tensor darstellende System von neun Zahlen bei einer Bewegung des Koordinatensystems sich nach (10, 10) oder (10, 11) transformiert, dürfen wir von einem Tensor sprechen. Umgekehrt können wir jedes System von neun Zahlen als Tensor ansehen, wenn es diesen Beziehungen genügt. Gilt dann im System $x_i$ eine Beziehung (10, 07), so gilt im System $\bar{x}_i$ die entsprechende Beziehung (10, 09).

Als wichtiges Beispiel eines Tensors haben wir die durch (8, 06) definierten $\delta_{ik}$ kennengelernt. Diese Definition ist vom Koordinatensystem unabhängig, d. h. es muß bei der Transformation (10, 01)

$$\bar{\delta}_{ij} = \delta_{ij} \tag{10, 12}$$

gelten. In der Tat folgt aus (10, 10), wenn wir $A_{ij} = \delta_{ij}$ setzen,

$$\bar{\delta}_{hk} = a_{ih}\, a_{jk}\, \delta_{ij} = a_{ih}\, a_{ik} = \delta_{hk}.$$

Der $\delta$-Tensor hat also die bemerkenswerte Eigenschaft, daß seine Koordinaten in allen rechtwinkeligen kartesischen Koordinatensystemen die gleichen durch (8, 06) oder (8, 08) gegebenen Werte haben.

Bemerkt sei, daß die Transformationskoeffizienten $a_{ij}$ *kein* Tensor sind.

Die durch (10, 10) und (10, 11) gegebene Definition der Tensoren zweiter Stufe läßt sich auf Tensoren beliebiger Stufe erweitern und wir definieren nun ganz allgemein:

Ein Tensor $m$-ter Stufe ist ein System von $3^m$ Zahlen, seinen Koordinaten, die sich bei einer Bewegung (10, 01), (10, 02) des Koordinatensystems nach dem Gesetz

$$A_{i_1 i_2 \ldots i_m} = a_{i_1 j_1} a_{i_2 j_2} \ldots a_{i_m j_m} \bar{A}_{j_1 j_2 \ldots j_m} \qquad (10, 13)$$

bzw.

$$\bar{A}_{j_1 j_2 \ldots j_m} = a_{i_1 j_1} a_{i_2 j_2} \ldots a_{i_m j_m} A_{i_1 i_2 \ldots i_m} \qquad (10, 14)$$

transformieren.

Diese Definition ist ausschließlich maßgebend. Man kann sie jedoch durch die gleichwertige ersetzen, daß der Ausdruck

$$f = A_{i_1 i_2 \ldots i_m} \overset{1}{X}_{i_1} \overset{2}{X}_{i_2} \ldots \overset{m}{X}_{i_m}, \qquad (10, 15)$$

wo die $\overset{\alpha}{X}_{i_\alpha}$ $(\alpha = 1, 2 \ldots m)$ $m$ willkürliche Vektoren sind, für jede bestimmte Wahl dieser Vektoren eine Invariante ist. Kennt man das Transformationsgesetz (10, 05) für Vektoren, so läßt sich (10, 13) aus (10, 15) herleiten. Die Definition der Tensoren als System der Koeffizienten einer invarianten, in den Koordinaten der $m$ Vektoren $\overset{\alpha}{X}_i$ linearen Form[1] setzt also den Vektorbegriff bereits voraus, läßt sich also nicht für die Definition des Vektors verwenden, während (10, 13) in dieser Hinsicht allgemeiner ist. Für den Fall des Tensors zweiter Stufe ($m = 2$) heißt das, daß $A_{ij}$ ein Tensor ist, wenn die Bilinearform

$$f = A_{ij} X_i Y_j$$

bei jeder bestimmten Wahl der willkürlichen Vektoren $X_i$ und $Y_i$ eine Invariante ist, d. h. daß bei einer Bewegung des Koordinatensystems $\bar{f} = f$ oder

$$\bar{A}_{ij} \bar{X}_i \bar{Y}_j = A_{ij} X_i Y_j$$

ist. Nun folgt aus (10, 05)

$$A_{ij} X_i Y_j = A_{ij} a_{ih} \bar{X}_h a_{jk} \bar{Y}_k;$$

[1] Unter Formen versteht man in der Algebra homogene Polynome.

es ist also $f = \bar{f}$, wenn wir

$$\bar{A}_{hk} = a_{ih}\, a_{jk}\, A_{ij}$$

setzen, was aber mit (10, 10) übereinstimmt

Die Definition (10, 13) gibt uns nun die Berechtigung, die verschiedenen hier verwendeten Größen unter der Bezeichnung Tensoren zusammenzufassen. Für $m = 1$ geht (10, 13) über in (10, 05), d. h. Vektoren sind Tensoren erster Stufe, für $m = 2$ erhält man (10, 11), das Transformationsgesetz der Tensoren im engeren Sinn oder Tensoren zweiter Stufe. Daß man Invarianten (Skalare) als Tensoren nullter Stufe bezeichnet, ist eine reine Konvention, die aber sehr zweckmäßig ist. Wir stellen im folgenden die Transformationsgesetze für die einfachsten Fälle noch einmal zusammen:

Skalar:

$$\bar{A} = A,$$

Vektor:

$$\bar{A}_i = a_{pi}\, A_p,$$

Tensor zweiter Stufe:

$$\bar{A}_{ij} = a_{pi}\, a_{qj}\, A_{pq},$$

Tensor dritter Stufe:

$$\bar{A}_{ijk} = a_{pi}\, a_{qj}\, a_{rk}\, A_{pqr}$$

usw.

Es ist wohl klar, daß man ein neues Rechenverfahren nur dann einwandfrei entwickeln kann wenn man die Grundbegriffe des Verfahrens klar und eindeutig definiert hat. Leider ist dieses einfache Prinzip bei der Vektorrechnung oft vernachlässigt worden. Man erkennt das an den Früchten, denn man findet leider allzu oft in der Literatur auch der allerletzten Zeit eine völlig sinnlose Verwendung der Begriffe Vektor und Tensor. Es ist richtig, daß die Koordinaten eines Tensors zweiter Stufe eine quadratische Matrix bilden und wir haben von dieser Tatsache auch in (8, 04) Gebrauch gemacht, aber die Umkehrung ist *falsch*. Nicht jede quadratische Matrix, d. h. nicht jedes beliebige System von $3 \times 3$ Zahlen ist ein Tensor, sondern nur dann, wenn es einen Sinn hat, von Koordinaten und Bewegungen des Koordinatensystems zu sprechen und wenn sich die neun

Zahlen der Matrix bei einer Bewegung nach (10, 10) oder (10, 11) transformieren.

Wir erwähnen noch den *Nulltensor*, dessen sämtliche Koordinaten gleich Null sind, für den also

$$A_{i_1 i_2 \dots i_m} = 0$$

ist. Der Begriff des Nulltensors ist invariant, wie aus der Homogenität des Transformationsgesetzes (10, 13) oder (10, 14) folgt. Fast alle geometrischen und physikalischen Aussagen drücken sich mathematisch durch das Verschwinden von Tensoren aus.

Zwei weitere wichtige Begriffe sind die folgenden:

Ein Tensor heißt *symmetrisch* in zwei bestimmten Indizes, wenn er bei Vertauschen dieser Indizes ungeändert bleibt, z. B. ist $A_{ijk\dots}$ symmetrisch in $i$ und $j$, wenn

$$A_{ijk\dots} = A_{jik\dots} \tag{10, 16}$$

gilt. Wir zeigen, daß diese Eigenschaft invariant ist, d. h., daß aus (10, 16) eine analoge Relation für die Koordinaten in einem anderen System $\bar{x}_i$ folgt. Es ist

$$\begin{aligned}
\bar{A}_{ijk\dots} &= a_{pi}\, a_{qj}\, a_{rk} \dots A_{pqr\dots} \\
&= a_{pi}\, a_{qj}\, a_{rk} \dots A_{qpr\dots} \\
&= a_{qi}\, a_{pj}\, a_{rk} \dots A_{pqr\dots} \\
&= a_{pj}\, a_{qi}\, a_{rk} \dots A_{pqr\dots} \\
&= \bar{A}_{jik\dots}
\end{aligned}$$

Hier wurde in der zweiten Zeile (10, 16) benützt, in der dritten die Bezeichnung der Summationsindizes $p$ und $q$ und in der vierten die Reihenfolge der beiden ersten Koeffizienten $a_{qi}\, a_{pj}$ vertauscht.

Ganz ähnlich heißt ein Tensor *alternierend* oder *schiefsymmetrisch* in zwei bestimmten Indizes, wenn er bei Vertauschung dieser Indizes sein Vorzeichen wechselt, d. h. wenn z. B.

$$A_{ijk\dots} = -A_{jik\dots} \tag{10, 17}$$

gilt. Der Invarianzbeweis verläuft wie oben, von der zweiten Zeile an tritt aber jetzt ein Minuszeichen hinzu.

Aus (10, 17) folgt, daß dann

$$A_{11k\dots} = A_{22k\dots} = A_{33k\dots} = 0 \tag{10, 18}$$

ist.

Ein Beispiel eines symmetrischen Tensors ist $\delta_{ij}$, ein Beispiel eines in allen drei Indizes alternierenden Tensors dritter Stufe werden wir im nächsten Paragraphen kennenlernen.

Wir kommen zu den Tensoroperationen.

Summe und Differenz *gleichartiger* Tensoren (das sind Tensoren gleicher Stufe) erhält man durch Addition bzw. Subtraktion der entsprechenden Koordinaten:

$$A_{i_1 i_2 \ldots i_n} \pm B_{i_1 i_2 \ldots i_n} = C_{i_1 i_2 \ldots i_n}. \tag{10, 19}$$

Daß die $C_{i_1 i_2 \ldots i_n}$ wieder ein Tensor der gleichen Stufe sind, folgt durch Anwendung von (10, 14) auf (10, 19) auf Grund der Linearität und Homogenität von (10, 14).

Unter dem Produkt zweier Tensoren (beliebiger Stufe) versteht man das System von Zahlen, das sich durch Multiplikation aller Koordinaten des einen Faktors mit allen Koordinaten des anderen Faktors ergibt; sind diese Faktoren von $m$-ter und $n$-ter Stufe, so ist also ihr Produkt von $(m + n)$-ter Stufe, d. h. wir erhalten $3^{m+n}$ Zahlen, von denen sich mit Hilfe von (10, 14) zeigen läßt, daß sie die Koordinaten eines Tensors $(m + n)$-ter Stufe sind. So ist z. B. das Produkt zweier Tensoren $A_{ijk}$ und $B_{hl}$ von dritter und zweiter Stufe der Tensor fünfter Stufe

$$C_{ijkhl} = A_{ijk} B_{hl}. \tag{10, 20}$$

Nach (10, 13) ist

$$A_{ijk} = a_{ip} a_{jq} a_{kr} \bar{A}_{pqr}$$

und

$$B_{hl} = a_{hs} a_{lt} \bar{B}_{st};$$

setzen wir entsprechend (10, 20)

$$\bar{C}_{pqrst} = \bar{A}_{pqr} \bar{B}_{st},$$

so folgt

$$C_{ijkhl} = a_{ip} a_{jq} a_{kr} a_{hs} a_{lt} \bar{C}_{pqrst},$$

also das Transformationsgesetz eines Tensors fünfter Stufe. Ganz analog wäre der Beweis im allgemeinen Fall zu führen. Das Produkt zweier Vektoren $P_i$ und $Q_i$ ist ein Tensor zweiter Stufe

$$R_{ij} = P_i Q_j. \tag{10, 21}$$

Zur Unterscheidung vom inneren und äußeren Produkt zweier Vektoren — das erstere haben wir im § 6 bereits behandelt —

bezeichnet man (10, 21) meist als das *allgemeine Produkt* zweier Vektoren[1]. Gelegentlich wird das allgemeine Produkt zweier Vektoren auch als *dyadisches Produkt* oder kurz als *Dyade* bezeichnet. Ein Beispiel einer solchen Dyade ist der in § 8 erwähnte Projektionstensor $e_i e_j$. Bei den allgemeinen Produkten von Tensoren können Zweifel über die Reihenfolge der Indizes in dem Produkttensor auftreten, ob man z. B. in (10, 21) für $P_i Q_j$ den Tensor $R_{ij}$ oder $R_{ji}$ zu setzen hat. Es ist darauf hinzuweisen, daß die Reihenfolge der Indizes nicht a priori gegeben ist, sondern durch die Darstellung des Produktes festzulegen ist, d. h. schreiben wir

$$R_{ij} = P_i Q_j,$$

so bestimmen wir, daß $R_{12} = P_1 Q_2$ ist, während wir durch $R_{ji} = P_i Q_j$ vorschreiben würden, daß $R_{12} = P_2 Q_1$ sein soll. Analoges gilt für höhere Tensoren wie z. B. bei (10, 20).

Ein zu den allgemeinen Produkten gehörender Sonderfall ist das Produkt eines Tensors $n$-ter Stufe mit einem Skalar (Tensor nullter Stufe), das natürlich einen Tensor $n$-ter Stufe liefert.

Die drei bisher betrachteten Tensoroperationen der Addition, Subtraktion und Multiplikation gehen nicht über das hinaus, was uns von der elementaren Arithmetik her wohl vertraut ist. Sie beziehen sich auch hier auf Operationen an — konstanten oder variablen — Zahlen, den Koordinaten. Auch die vierte Operation, die wir jetzt einführen wollen und die als *Verjüngung* bezeichnet wird, und die wir in einem Sonderfall, dem inneren Produkt zweier Vektoren, bereits kennengelernt haben, geht darüber nicht hinaus und stellt nur eine für die Tensorrechnung charakteristische Addition bestimmter Koordinaten desselben Tensors dar. Es sei ein beliebiger Tensor, z. B. der Tensor

[1] Es wäre besser gewesen, die Bezeichnung „Produkt" nur für das allgemeine Produkt vorzubehalten und bei dem inneren und äußeren Produkt überhaupt nicht von Produkten zu sprechen, sondern andere Benennungen zu wählen.

Daraus folgt auch das Bestreben, in der symbolischen Schreibweise das allgemeine Produkt zweier Vektoren $\mathfrak{A}$ und $\mathfrak{B}$ mit $\mathfrak{A}\,\mathfrak{B}$ im Gegensatz zum inneren Produkt $\mathfrak{A} \cdot \mathfrak{B}$ zu schreiben. Man verzichtet allerdings dann auf die einfache Schreibweise ohne Punkt gerade bei dem in den Anwendungen ungleich häufigeren inneren Produkt. Andere schreiben $\mathfrak{A}; \mathfrak{B}$ für das allgemeine Produkt.

dritter Stufe $A_{ijk}$ vorgelegt. Setzen wir zwei Indizes einander gleich, z. B. $k = j$, bilden wir also $A_{ijj}$, so heißt das in sinngemäßer Erweiterung des Summationsübereinkommens, daß über den jetzt doppelt vorkommenden Index $j$ zu summieren ist. Wir zeigen, daß das Resultat dieser „Verjüngung" ein Tensor ist, dessen Stufenzahl $m - 2$ ist, wenn der ursprüngliche Tensor von $m$-ter Stufe war. Im Fall des Beispieles ist also $A_{ijj}$ ein Vektor. Wir wollen den Beweis auch nur an diesem Beispiel durchführen. Schreiben wir (10, 13) für $m = 3$ an:

$$A_{ijk} = a_{ip}\, a_{jq}\, a_{kr}\, \bar{A}_{pqr}$$

und setzen wir $k = j$, so folgt wegen (10, 02)

$$A_{ijj} = a_{ip}\, a_{jq}\, a_{jr}\, \bar{A}_{pqr} = a_{ip}\, \delta_{qr}\, \bar{A}_{pqr} = a_{ip}\, \bar{A}_{pqq},$$

also in der Tat das Transformationsgesetz eines Vektors. Der Beweis verläuft im allgemeinen Fall, wo zwei beliebige Indizes eines Tensors $m$-ter Stufe gleichgesetzt werden, ganz analog. Wenn es nötig ist, werden die beiden Indizes, die einander gleichgesetzt werden, durch die Redeweise „Verjüngung nach den Indizes $j$ und $k$" hervorgehoben. Die Verjüngung eines Tensors zweiter Stufe gibt eine Invariante

$$A_{ii} = A_{11} + A_{22} + A_{33} = A'',$$

die man gelegentlich die *Spur* des Tensors nennt.

Ist $A_{ik}$ alternierend, so ist

$$A_{ii} = 0;$$

wie schon bemerkt, verschwindet hier jeder Summand für sich. Für den $\delta$-Tensor ist

$$\delta_{ii} = 3.$$

Damit sind wir mit den Grundlagen der allgemeinen Tensoralgebra fertig. Was wir noch zu behandeln haben, sind Ergänzungen und Sonderfälle. Neue Rechenoperationen brauchen wir nicht mehr einzuführen.

Ein Sonderfall der Verjüngung ist die *Überschiebung*. Wenn der vorgelegte Tensor ein Produkt ist und die Indizes, nach denen verjüngt wird, aus verschiedenen Faktoren stammen, dann spricht man von einer Überschiebung der beiden Tensoren nach den beiden Indizes „so und so". Setzen wir z. B. in (10, 20) $l = j$, so ist das eine Überschiebung von $A_{ijk}$ und $B_{hl}$ nach $j$ und $l$. Das Resultat ist ein Tensor dritter Stufe

$$D_{ikh} = C_{ijkhj} = A_{ijk} B_{hj}.$$

Das innere Produkt zweier Vektoren (§ 6) ist mit der Überschiebung der beiden Vektoren identisch.

Man kann auch umgekehrt die Verjüngung als Sonderfall der Überschiebung auffassen, wenn man den $\delta$-Tensor zu Hilfe nimmt. In der Tat ist

$$\delta_{jk} A_{ijk} = A_{ijj},$$

die linke Seite ist eine Überschiebung der beiden Tensoren $\delta_{pq}$ und $A_{ijk}$ nach den Indizes $p$, $j$ und $q$, $k$. Ebenso ist

$$\delta_{ij} A_i B_j = A_i B_i \tag{10, 22}$$

und

$$\delta_{ij} A_i A_j = A_i A_i = A^2. \tag{10, 23}$$

Wegen dieser Beziehung bezeichnet man den $\delta$-Tensor auch als *Maßtensor*; (10, 23) gibt die Norm (Längenquadrat) eines Vektors, (10, 22) bestimmt den Winkel der beiden Vektoren $A_i$ und $B_i$. Längen und Winkel sind aber, wie wir schon bemerkten, die fundamentalen Invarianten der metrischen Geometrie[1].

Zur Übersicht stellen wir die häufigsten Überschiebungen zusammen, wobei wir statt „Tensor $m$-ter Stufe" kurz „Tensor ($m$)" schreiben:

a) Vektor · Vektor = Skalar

$$A_i B_i = R,$$

b) Tensor (2) · Vektor = Vektor

$$A_{ik} B_k = R_i \quad \text{oder} \quad A_{ik} B_i = S_k,$$

c) Tensor (2) · Vektor · Vektor = Skalar

$$A_{ik} B_i C_k = R \quad \text{oder} \quad A_{ik} B_k C_i = S,$$

d) Tensor (2) · Tensor (2) = Tensor (2)

$$A_{ik} B_{il} = R_{kl}, \quad A_{ik} B_{li} = S_{kl}, \quad A_{ik} B_{kl} = T_{il}, \quad A_{ik} B_{lk} = U_{il},$$

[1] Die Bezeichnung Maßtensor stammt aus der Riemannschen Geometrie, vgl. Teil II, § 33.

e) Tensor (2) zweifach überschoben mit Tensor (2) = Skalar

$$A_{ik} B_{ik} = R, \quad A_{ik} B_{ki} = S,$$

f) Tensor (3) · Vektor = Tensor (2)

$$A_{ikl} B_i = R_{kl}, \quad A_{ikl} B_k = S_{il}, \quad A_{ikl} B_l = T_{ik},$$

g) Tensor (3) · Vektor · Vektor = Vektor

$$A_{ikl} B_k C_l = R_i, \quad A_{ikl} B_l C_k = S_i \text{ usw.},$$

h) Tensor (3) · Tensor (2) = Tensor (3)

$$A_{ikl} B_{ih} = R_{klh} \text{ usw.},$$

i) Tensor (3) zweifach überschoben mit Tensor (2) = Vektor

$$A_{ikl} B_{ik} = R_l, \quad A_{ikl} B_{ki} = S_l, \quad A_{ikl} B_{kl} = T_i \text{ usw.},$$

j) Tensor (3) · Vektor · Vektor · Vektor = Skalar

$$A_{ikl} B_i C_k D_l = R, \quad A_{ikl} B_i C_l D_k = S \text{ usw.}$$

## § 11. Der ε-Tensor und das äußere Produkt von Vektoren

Von den am Ende von § 10 zusammengestellten Überschiebungen von Tensoren interessiert uns besonders ein Sonderfall der unter g) erwähnten Verknüpfung, die mit Hilfe eines Tensors dritter Stufe zwei Vektoren $A_i$ und $B_i$ einen dritten Vektor $C_i$ zuordnet, den wir als das *äußere Produkt* von $A_i$ und $B_i$ bezeichnen[1]. Eine solche Zuordnung dreier Vektoren tritt in der Physik häufig auf, z. B.:

Kraft—Hebelarm—Drehmoment,

Strom—Magnetfeldstärke—Kraft,

Kreiselachse—Kraft—Präzession.

Aus der Zusammenstellung am Ende des § 10 ist zu erkennen, daß nur der Fall g) die Möglichkeit der Verknüpfung zweier Vektoren zu einem dritten bietet und daß daher unbedingt ein Tensor dritter Stufe dafür zu Hilfe genommen werden muß.

Wir versuchen nun, den Tensor dritter Stufe durch die Bedingung zu bestimmen, daß zwei beliebigen Vektoren $A_i$ und $B_i$ ein dritter Vektor $C_i$ zugeordnet werden soll, der auf den beiden

[1] Man spricht auch vom *Vektorprodukt* oder vom *vektoriellen Produkt*.

gegebenen senkrecht steht (Abb. 24). Die Größe und Orientierung des entstehenden Vektors lassen wir vorläufig offen.

Den Tensor, der diese Verknüpfung vermittelt, nennen wir *ε-Tensor* und bezeichnen ihn mit $\varepsilon_{ijk}$. Es ist dann

$$\boxed{C_i = \varepsilon_{ijk} A_j B_k} \tag{11, 01}$$

und

$$A_i C_i = B_i C_i = 0. \tag{11, 02}$$

Aus den beiden Gleichungen (11, 02) berechnen wir

$$C_3 = -\frac{1}{A_3}(A_1 C_1 + A_2 C_2),$$

bzw.

$$C_3 = -\frac{1}{B_3}(B_1 C_1 + B_2 C_2).$$

Daraus folgt durch Elimination von $C_3$

$$B_3 (A_1 C_1 + A_2 C_2) = A_3 (B_1 C_1 + B_2 C_2)$$

oder, nach den Koordinaten von $C_i$ geordnet:

$$C_2 (A_2 B_3 - A_3 B_2) = C_1 (A_3 B_1 - A_1 B_3).$$

In gleicher Weise erhalten wir durch Elimination von $C_2$ aus (11, 02)

$$C_3 (A_2 B_3 - A_3 B_2) = C_1 (A_1 B_2 - A_2 B_1).$$

Wir können die beiden letzten Gleichungen in der Form

$$\frac{C_1}{A_2 B_3 - A_3 B_2} = \frac{C_2}{A_3 B_1 - A_1 B_3} = \frac{C_3}{A_1 B_2 - A_2 B_1} = \lambda \tag{11, 03}$$

zusammenfassen. Wir setzen jetzt $\lambda = 1$ und verfügen damit über die Länge von $C_i$. Wir werden sehen, daß diese Festsetzung bewirkt, daß $C_i$ ein Einsvektor wird, wenn $A_i$ und $B_i$ aufeinander senkrecht stehende Einsvektoren sind. Es ist dann

$$\left.\begin{aligned} C_1 &= A_2 B_3 - A_3 B_2, \\ C_2 &= A_3 B_1 - A_1 B_3, \\ C_3 &= A_1 B_2 - A_2 B_1. \end{aligned}\right| \tag{11, 04}$$

Nach (11, 01) ist aber

$$\begin{aligned} C_1 = {} & \varepsilon_{111} A_1 B_1 + \varepsilon_{112} A_1 B_2 + \varepsilon_{113} A_1 B_3 + \\ & + \varepsilon_{121} A_2 B_1 + \varepsilon_{122} A_2 B_2 + \varepsilon_{123} A_2 B_3 + \\ & + \varepsilon_{131} A_3 B_1 + \varepsilon_{132} A_3 B_2 + \varepsilon_{133} A_3 B_3. \end{aligned}$$

Durch Vergleich mit (11, 04) finden wir:

$$\varepsilon_{111} = \varepsilon_{112} = \varepsilon_{113} = \varepsilon_{121} = \varepsilon_{122} = \varepsilon_{131} = \varepsilon_{133} = 0,$$

$$\varepsilon_{123} = 1, \quad \varepsilon_{132} = -1.$$

In gleicher Weise finden wir durch Berechnung von $C_2$ und $C_3$ die anderen Koordinaten des ε-Tensors, die bis auf je zwei ebenfalls alle verschwinden. Es verbleiben insgesamt die folgenden, von 0 verschiedenen Koordinaten:

$$\left.\begin{aligned} \varepsilon_{123} = \varepsilon_{231} = \varepsilon_{312} = 1, \\ \varepsilon_{132} = \varepsilon_{321} = \varepsilon_{213} = -1. \end{aligned}\right\} \qquad (11, 05)$$

Der ε-Tensor hat 27 Koordinaten $\varepsilon_{ijk}$, die wir in einem räumlichen Schema anordnen können, das wir uns in seinen drei Schichten nebeneinandergestellt darstellen:

$k = 1$:

| | $i = 1$ | $i = 2$ | $i = 3$ |
|---|---|---|---|
| $j = 1$ | 0 | 0 | 0 |
| 2 | 0 | 0 | −1 |
| 3 | 0 | 1 | 0 |

$k = 2$:

| | $i = 1$ | $i = 2$ | $i = 3$ |
|---|---|---|---|
| $j = 1$ | 0 | 0 | 1 |
| 2 | 0 | 0 | 0 |
| 3 | −1 | 0 | 0 |

$k = 3$:

| | $i = 1$ | $i = 2$ | $i = 3$ |
|---|---|---|---|
| $j = 1$ | 0 | −1 | 0 |
| 2 | 1 | 0 | 0 |
| 3 | 0 | 0 | 0 |

Man kann sich die Werte nach folgender Regel leicht merken: Es ist

| | | |
|---|---|---|
| $\varepsilon_{ijk} = 0$ | für zwei beliebige gleiche Indizes, | (I) |
| $\varepsilon_{ijk} = 1$ | für lauter verschiedene Indizes in gerader Permutation, | |
| $\varepsilon_{ijk} = -1$ | für lauter verschiedene Indizes in ungerader Permutation. | |

Wir haben damit die Koordinaten des ε-Tensors berechnet, allerdings fürs erste auf eine recht primitive Weise, durch die auch noch gar nicht nachgewiesen ist, daß es sich wirklich um einen Tensor handelt, also um ein System von Zahlen, das dem Transformationsgesetz genügt.

Wir können das aber überprüfen, indem wir das Transformationsgesetz für Tensoren dritter Stufe auf den $\varepsilon$-Tensor anwenden. Dann ist nach (10, 14)

$$\bar{\varepsilon}_{pqr} = a_{ip}\, a_{jq}\, a_{kr}\, \varepsilon_{ijk}.$$

Von den 27 Summanden des rechts stehenden Ausdrucks verschwinden jene 21, für die ein Paar der Indizes $i, j$ und $k$ gleich wird. Es bleiben dann noch sechs Summanden, also

$$\bar{\varepsilon}_{pqr} = a_{1p}\, a_{2q}\, a_{3r}\, \varepsilon_{123} + a_{2p}\, a_{3q}\, a_{1r}\, \varepsilon_{231} + a_{3p}\, a_{1q}\, a_{2r}\, \varepsilon_{312} + \\ + a_{1p}\, a_{3q}\, a_{2r}\, \varepsilon_{132} + a_{3p}\, a_{2q}\, a_{1r}\, \varepsilon_{321} + a_{2p}\, a_{1q}\, a_{3r}\, \varepsilon_{213}$$

oder nach Einsetzen für die Koordinaten von $\varepsilon_{ijk}$ nach der oben genannten Regel (I)

$$\bar{\varepsilon}_{pqr} = a_{1p}\, a_{2q}\, a_{3r} + a_{2p}\, a_{3q}\, a_{1r} + a_{3p}\, a_{1q}\, a_{2r} - a_{1p}\, a_{3q}\, a_{2r} - \\ - a_{3p}\, a_{2q}\, a_{1r} - a_{2p}\, a_{1q}\, a_{3r}.$$

Die rechte Seite läßt sich als Determinante schreiben, so daß

$$\bar{\varepsilon}_{pqr} = \begin{vmatrix} a_{1p} & a_{2p} & a_{3p} \\ a_{1q} & a_{2q} & a_{3q} \\ a_{1r} & a_{2r} & a_{3r} \end{vmatrix}. \qquad (11, 05\text{a})$$

Daraus ersehen wir sofort, daß $\bar{\varepsilon}_{pqr}$ verschwindet, wenn zwei der Indizes gleich werden. Da nach (9, 05) die Determinante der Richtungscosinus nur die Werte $+1$ oder $-1$ annehmen kann, so gilt dies auch für die nicht verschwindenden Koordinaten von $\bar{\varepsilon}_{pqr}$. Aus der Determinante folgt weiter, daß $\bar{\varepsilon}_{123} = \bar{\varepsilon}_{231} = \bar{\varepsilon}_{312}$ und daß $\bar{\varepsilon}_{132} = \bar{\varepsilon}_{321} = \bar{\varepsilon}_{213}$ sein müssen, denn jede der drei gleichen Koordinaten geht aus den beiden anderen durch zweimaliges Vertauschen von zwei Reihen hervor, wobei eben der Wert der Determinante ungeändert bleibt. Um die Zuordnung zu den Werten $+1$ und $-1$ festzulegen, bestimmen wir eine spezielle Koordinate, z. B.

$$\bar{\varepsilon}_{123} = \begin{vmatrix} a_{11} & a_{21} & a_{31} \\ a_{12} & a_{22} & a_{32} \\ a_{13} & a_{23} & a_{33} \end{vmatrix}.$$

Ist die Transformation $a_{ij}$ nun eine eigentlich orthogonale Transformation (Drehung), dann ist nach § 9 die Determinante

$+1$. Es gilt somit die Regel (I) auch für $\bar{\varepsilon}_{pqr}$. Die $\varepsilon_{ijk}$ stellen also einen Tensor dritter Stufe dar und die Koordinaten dieses Tensors sind in allen durch Drehung aus einander hervorgehenden Koordinatensystemen nach der gleichen Regel (I) zu bestimmen.

Stellen nun die $a_{ij}$ eine Umlegung in dem in § 9 erörterten Sinne dar, so nimmt die Determinante der Richtungscosinus den Wert $-1$ an. Die Koordinaten des $\varepsilon$-Tensors wechseln dann bei der Transformation ihre Vorzeichen. Es ist dies gar nichts besonders Bemerkenswertes, denn es ist geradezu selbstverständlich, daß bei einer Umlegung mindestens eine Koordinatenachse ihre Orientierung ändert und damit müssen alle auf diese Achse bezogenen Koordinaten ihr Vorzeichen ändern. Da die nicht verschwindenden Koordinaten des $\varepsilon$-Tensors sich stets auf alle drei Achsen beziehen, so müssen sie bei einer Umlegung alle dem Vorzeichenwechsel unterworfen werden.

Wir sind bis jetzt so vorgegangen, daß wir den $\varepsilon$-Tensor in einem bestimmten Koordinatensystem berechnet haben und seine Koordinaten in anderen Systemen davon herleiteten, daß wir ihn dem für Tensoren dritter Stufe geltenden Transformationsgesetz unterwarfen. Es gibt nun eine andere allgemeine Darstellung des $\varepsilon$-Tensors, aus der sich der Tensorcharakter unmittelbar erkennen läßt und die wir jetzt herleiten wollen. Die oben gegebene Regel (I) zur Bestimmung der Werte von $\varepsilon_{ijk}$ läßt sich, wie wir oben schon gesehen haben, in Beziehung zu gewissen einfachen Eigenschaften der Determinanten setzen. So verschwindet eine Determinante, wenn zwei Reihen (Zeilen oder Spalten) einander gleich sind, und ändert ihr Vorzeichen, wenn man zwei Reihen vertauscht. Genau so verhält sich aber der $\varepsilon$-Tensor, wenn wir statt „Reihen" „Indizes" sagen. Es wird also möglich sein, den $\varepsilon$-Tensor durch eine dreireihige Determinante darzustellen, deren Zeilen oder Spalten durch die Indizes $i\,j\,k$ unterschieden sind und die den Wert 1 annimmt, wenn $(i, j, k) = (1, 2, 3)$ ist. Die einfachste derartige Determinante ist

$$\varepsilon_{ijk} = \begin{vmatrix} \delta_{1i} & \delta_{1j} & \delta_{1k} \\ \delta_{2i} & \delta_{2j} & \delta_{2k} \\ \delta_{3i} & \delta_{3j} & \delta_{3k} \end{vmatrix}. \qquad (11, 06)$$

Daß diese Beziehung numerisch richtig ist, läßt sich an Hand der Regel (I) sofort nachweisen, denn die Determinante auf der rechten Seite von (11, 06) genügt ebenfalls dieser Regel. Aber auch (11, 06) ist noch keine tensorielle, d. h. vom Koordinatensystem unabhängige Darstellung von $\varepsilon_{ijk}$[1]. Wir können nun die in den einzelnen Zeilen der Determinante (11, 06) stehenden Koordinaten $\delta_{ij}$ als Koordinaten der Maßvektoren des Koordinatensystems ansehen, d. h. des normierten Dreibeins, dessen Vektoren nach Richtung und Orientierung mit den Achsen des Koordinatensystems übereinstimmen. Wir versuchen, dieses Dreibein in (11, 06) durch ein allgemeines positiv orientiertes normiertes Dreibein $\overset{k}{e}_i$ zu ersetzen:

$$\boxed{\varepsilon_{ijk} = \begin{vmatrix} \overset{1}{e}_i & \overset{1}{e}_j & \overset{1}{e}_k \\ \overset{2}{e}_i & \overset{2}{e}_j & \overset{2}{e}_k \\ \overset{3}{e}_i & \overset{3}{e}_j & \overset{3}{e}_k \end{vmatrix}.} \qquad (11, 07)$$

In der Tat können wir nach (9, 01) auch

$$\varepsilon_{ijk} = \begin{vmatrix} a_{i1} & a_{i2} & a_{i3} \\ a_{j1} & a_{j2} & a_{j3} \\ a_{k1} & a_{k2} & a_{k3} \end{vmatrix} \qquad (11, 08)$$

schreiben, wobei die $a_{ij}$ die Koeffizienten der eigentlich orthogonalen Transformation sind, die das gegebene Koordinatensystem in ein System $\bar{x}_i$ überführt, dessen Achsen mit dem Dreibein $\overset{j}{e}_i$ übereinstimmen (vgl. die Abb. 11 und 23). Daraus folgt aber sofort $\varepsilon_{123} = 1$, das Bestehen der Regel (I) und damit auch die Richtigkeit von (11, 07). Diese als allgemeine Definition des $\varepsilon$-Tensors anzusehende Gleichung läßt auch den Tensorcharakter der $\varepsilon_{ijk}$ unmittelbar erkennen, da ja, wenn wir die Determinante in bekannter Weise entwickeln, rechts eine Summe von allgemeinen Produkten von je drei Vektoren, also ein Tensor dritter Stufe steht.

---

[1] Daß (11, 06) nicht unabhängig vom Koordinatensystem ist, folgt daraus, daß in (11, 06) spezielle Koordinaten des $\delta$-Tensors vorkommen. Denn wenn z. B. $A_{ijk}$ ein Tensor ist, so muß $A_{1jk}$ deshalb noch kein Tensor sein.

Aus (11, 07) und einfachen Eigenschaften der Determinanten folgen die Relationen

$$\varepsilon_{ijk} = \varepsilon_{jki} = \varepsilon_{kij} = -\varepsilon_{ikj} = -\varepsilon_{kji} = -\varepsilon_{jik}, \quad (11, 09)$$

die für das praktische Rechnen wichtig sind und zeigen, daß der $\varepsilon$-Tensor in allen drei Indexpaaren alternierend ist. So läßt sich z. B. (11, 04) in folgenden Formen schreiben:

$$C_i = \varepsilon_{ijk} A_j B_k = \varepsilon_{jki} A_j B_k = \varepsilon_{kij} A_j B_k = -\varepsilon_{ikj} A_j B_k =$$
$$= -\varepsilon_{kji} A_j B_k = -\varepsilon_{jik} A_j B_k.$$

Der erste und vierte Ausdruck haben die Form

$$\boxed{C_i = \varepsilon_{ijk} A_j B_k} \quad (11, 10)$$

bzw.

$$C_i = -\varepsilon_{ijk} B_j A_k, \quad (11, 11)$$

d. h. eine Vertauschung der Vektoren $A_i$ und $B_i$ in (11, 04) bewirkt eine Änderung des Vorzeichens (der Orientierung) von $C_i$.

Wir gehen jetzt an die Berechnung der Länge des Vektors $C_i$, über die wir durch die Festsetzung $\lambda = 1$ verfügt haben, und überschieben (11, 04) oder besser (11, 10) mit $C_i$. Es folgt unter Benützung von (11, 06)

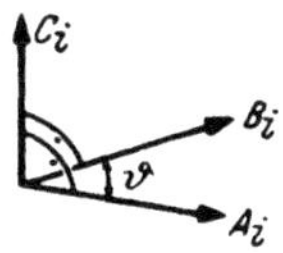

Abb. 24

$$C_k C_k = \varepsilon_{ijk} A_i B_j C_k =$$
$$= \begin{vmatrix} \delta_{1i} A_i & \delta_{1j} B_j & \delta_{1k} C_k \\ \delta_{2i} A_i & \delta_{2j} B_j & \delta_{2k} C_k \\ \delta_{3i} A_i & \delta_{3j} B_j & \delta_{3k} C_k \end{vmatrix} = \begin{vmatrix} A_1 & B_1 & C_1 \\ A_2 & B_2 & C_2 \\ A_3 & B_3 & C_3 \end{vmatrix}$$

oder

$$C^2 = C_k C_k = \begin{vmatrix} A_1 & A_2 & A_3 \\ B_1 & B_2 & B_3 \\ C_1 & C_2 & C_3 \end{vmatrix}, \quad (11, 12)$$

d. h. $C^2$ ist gleich der Determinante der Koordinaten der drei Vektoren und diese ist bekanntlich gleich dem Volumen des Parallelepipeds, dessen Kanten mit den Vektoren $A_i$, $B_i$ und $C_i$ nach Länge und Richtung übereinstimmen. Nach Abb. 24 ist dieses

Volumen aber gleich $A \cdot B \cdot \sin\vartheta \cdot C$, da $C_i$ auf $A_i$ und $B_i$ senkrecht steht und $\vartheta$ der Winkel zwischen $A_i$ und $B_i$ ist. Also ist[1]

$$\boxed{C = A \cdot B \cdot \sin\vartheta, \quad 0 \leqq \vartheta \leqq \pi.} \tag{11, 13}$$

Da ferner die Determinante (11, 12) sicher nicht negativ ist, stimmt die Orientierung des Dreibeins $A_i$, $B_i$, $C_i$ (in dieser Reihenfolge der Vektoren) mit der des Koordinatensystems überein, ist also ebenfalls positiv (die Drehung von $A_i$ in die Richtung $B_i$, verbunden mit einem Fortschreiten in der Richtung $C_i$ gibt die Bewegung einer Rechtsschraube). Es gilt also:

*Das äußere Produkt zweier Vektoren $A_i$ und $B_i$ ist ein Vektor $C_i$, dessen Länge gleich dem Inhalt des Parallelogramms mit den Seiten $A_i$ und $B_i$ ist, dessen Richtung senkrecht zu der durch $A_i$ und $B_i$ bestimmten Ebenenstellung verläuft und dessen Orientierung dadurch festgelegt ist, daß $A_i$, $B_i$ und $C_i$ in dieser Reihenfolge ein positiv orientiertes Dreibein bilden.*

Aus dieser Definition folgt, daß das äußere Produkt $C_i$ nicht nur verschwindet, wenn $A_i$ oder $B_i$ der Nullvektor ist, sondern vor allem auch, wenn $\vartheta = 0$ oder $= \pi$ ist, d. h. wenn $A_i$ und $B_i$ kollinear sind.

Symbolisch schreibt man an Stelle von (11, 01)

$$\mathfrak{C} = [\mathfrak{A}\,\mathfrak{B}] \quad \text{oder} \quad \mathfrak{C} = \mathfrak{A} \times \mathfrak{B}$$

und legt dem Symbol die oben gegebene Definition zugrunde. Man muß dann hinzufügen, daß das Produkt nicht kommutativ ist, also daß

$$\mathfrak{A} \times \mathfrak{B} = -\mathfrak{B} \times \mathfrak{A}.$$

Eine solche Darstellung erscheint zunächst einfacher als die Darstellung des äußeren Produktes nach (11, 10). Schon die weiteren Ausführungen dieses Paragraphen und erst recht der folgenden zeigen, daß die Einfachheit der symbolischen Darstellung mit dem Preis einer geringeren Aussagekraft der Formel erkauft wurde, die in schwierigen Fällen immer wieder zu Sonderüberlegungen zwingt. Demgegenüber erweist sich die Verwendung

[1] Rechnet man $C^2 = C_i C_i$ nach (11, 04) aus, so gelangt man ohne sonderliche Schwierigkeit zu $C^2 = A^2 B^2 - (A_i B_i)^2 = A^2 B^2 (1 - \cos^2\vartheta)$, also ebenfalls zu (11, 13).

des $\varepsilon$-Tensors als eine unbestechliche Führung, die den Rechner vor manchen Irrtümern bewahrt.

Für die Einsvektoren $\mathfrak{i}$, $\mathfrak{j}$, $\mathfrak{k}$ nach (6, 17) folgt dann

$$\mathfrak{i} \times \mathfrak{j} = \mathfrak{k}; \quad \mathfrak{j} \times \mathfrak{k} = \mathfrak{i}; \quad \mathfrak{k} \times \mathfrak{i} = \mathfrak{j}.$$

Mit Hilfe von (6, 18) kann man dann auch in der symbolischen Darstellung zu (11, 04), (11, 12) und (11, 13) gelangen.

Man unterscheidet gelegentlich das durch die Vektoren $A_i$ und $B_i$ aufgespannte Parallelogramm mit definiertem Umlaufsinn als Plangröße von dem Vektor $C_i$ als der Ergänzung der Plangröße. Dazu ist zu bemerken, daß Plangröße und Ergänzungsvektor denselben Betrag und dieselbe Orientierung, nämlich bei der Plangröße als Ebeneneinstellung, die mit der Richtung des Ergänzungsvektors zusammenfällt, aufweisen. Da sich ferner beide wie Vektoren transformieren, so kann man sie, falls Betrag und Richtung gegeben sind, nicht voneinander unterscheiden. Es handelt sich bei der Plangröße nur um eine von dem Streckenbegriff verschiedene Deutung des Vektors $C_i$, die nicht auf den Fall der Darstellung von $C_i$ durch ein äußeres Produkt beschränkt ist. Man kann vielmehr *jeden* Vektor durch ein orientiertes Flächenstück veranschaulichen.

Wir haben bisher vorausgesetzt, daß wir positiv orientierte Koordinatensysteme und Dreibeine verwenden. Wir lassen nun diese Voraussetzung fallen und nehmen an, das gegebene Koordinatensystem sei ein Linkssystem. Dann werden die in (11, 08) auftretenden Transformationskoeffizienten nur dann die einer eigentlich orthogonalen Transformation sein, wenn auch das Dreibein $\overset{j}{e}_i$ negativ, d. h. ebenso wie die Koordinatenachsen orientiert ist. Die beiden Determinanten (11, 06) und (11, 08) stimmen überein. Wenn wir aber, wie wir das im folgenden immer tun wollen, annehmen, daß das Dreibein $\overset{j}{e}_i$ *positiv* orientiert ist, dann müssen wir in (11, 06) vor die Determinante den Faktor $-1$ setzen, damit der $\varepsilon$-Tensor in beiden Fällen richtig definiert ist. Dann ist aber in der Regel (I) $+1$ und $-1$ zu vertauschen, da die Koordinaten des $\varepsilon$-Tensors in einem Linkssystem *entgegen-*

*gesetzte Vorzeichen* haben wie in einem Rechtssystem[1]. Dasselbe wäre der Fall, wenn wir in einem Rechtssystem den $\varepsilon$-Tensor durch ein negativ orientiertes Dreibein definierten. Der Vektor $C_i$ wäre dann (natürlich auch in einem Linkssystem) entgegengesetzt orientiert wie bisher.

---

[1] Hier liegt der Grund für die vielen Debatten und Mißverständnisse, die seinerzeit rund um das äußere Produkt entstanden sind und die zu der irrigen Unterscheidung von polaren und axialen Vektoren geführt haben; der axiale Vektor wechsle seine Orientierung bei einer Umlegung des Koordinatensystems — es ist bezeichnend, daß das gerade dort passierte, wo man „unabhängig" vom Koordinatensystem rechnete. Es genügt, die Transformation

$$a_{ij} = \begin{pmatrix} 1 & 0 & 0 \\ 0 & 1 & 0 \\ 0 & 0 & -1 \end{pmatrix}$$

auf (11, 10) anzuwenden, um sich vom Gegenteil zu überzeugen. Die Ursache war, daß man ursprünglich die Gleichungen (11, 04) zur Definition des äußeren Produktes benützte, aber dabei übersah, daß diese Gleichungen gegen Umlegungen nicht invariant sind, bei denen eben ein Faktor $-1$ rechts oder links anzubringen ist.

Es ist unverständlich, daß sich die irrige Meinung vom Unterschied zwischen polaren und axialen Vektoren noch immer aufrecht hält. Man braucht bloß zu überlegen, daß sich bei einem beliebigen Vektor $A_i = (A_1, A_2, A_3)$ das Vorzeichen von $A_3$ ändert, wenn man eine Umlegung des Koordinatensystems so vornimmt, daß die 1- und die 2-Achse ihre Orientierung beibehalten, während die 3-Achse sie ändert. Das hat nichts mit dem äußeren Produkt zu tun. Anderseits hat die Festlegung, daß die beiden Faktoren des äußeren Produktes zusammen mit dem Vektor des Produktes ein Rechtssystem bilden, nichts mit dem Koordinatensystem zu tun.

Wir weisen noch darauf hin, daß man Koordinatentransformationen nicht mit Punkttransformationen im Raum verwechseln darf. Deutet man (9, 06) als Punkttransformation, dann sind $x_i$ und $\bar{x}_i$ nicht die Koordinaten *desselben* Punktes in bezug auf zwei verschiedene Koordinatensysteme, sondern sie sind die Koordinaten zweier, im allgemeinen verschiedener Punkte in bezug auf ein und dasselbe Koordinatensystem. Ist (9, 06) dann eine Umlegung wie beispielsweise eine Spiegelung des Raumes an einer Ebene, so kehrt sich die Orientierung *jedes* Dreibeines um, ausgenommen natürlich die des Dreibeines der Maßvektoren des Koordinatensystems. Aber auch bei der Punkttransformation nimmt das äußere Produkt keine Sonderstellung ein, sondern folgt nur den Regeln, die für jeden beliebigen Vektor gelten.

Zu drei beliebigen Vektoren $A_i$, $B_i$ und $C_i$ läßt sich mit Hilfe des ε-Tensors die Invariante

$$\boxed{V = \varepsilon_{ijk} A_i B_j C_k = \begin{vmatrix} A_1 & A_2 & A_3 \\ B_1 & B_2 & B_3 \\ C_1 & C_2 & C_3 \end{vmatrix}}$$

bilden. $V$ ist das Volumen des Parallelepipeds mit den Kanten $A_i$, $B_i$ und $C_i$, ist positiv oder negativ, je nachdem das Dreibein $A_i$, $B_i$ und $C_i$ positiv oder negativ orientiert ist, und es ist $V = 0$, wenn die Vektoren komplanar sind und daher gar kein Dreibein bilden.

Symbolisch geschrieben lautet $\varepsilon_{ijk} A_i B_j C_k$, wenn man nicht wieder ein neues Symbol, etwa $[\mathfrak{A}\,\mathfrak{B}\,\mathfrak{C}]$, einführen will,

$$V = [\mathfrak{A}\,\mathfrak{B}]\,\mathfrak{C} = [\mathfrak{B}\,\mathfrak{C}]\,\mathfrak{A} = [\mathfrak{C}\,\mathfrak{A}]\,\mathfrak{B} = \mathfrak{A}\,[\mathfrak{B}\,\mathfrak{C}] = \mathfrak{B}\,[\mathfrak{C}\,\mathfrak{A}] =$$

$$= \mathfrak{C}\,[\mathfrak{A}\,\mathfrak{B}],$$

oder $V = [\mathfrak{A}\,\mathfrak{B}\,\mathfrak{C}] = (\mathfrak{A} \times \mathfrak{B})\,\mathfrak{C} = (\mathfrak{B} \times \mathfrak{C})\,\mathfrak{A} =$ usw. Man spricht auch vom *Spatprodukt.*

Die Gleichberechtigung der drei Vektoren wird an dieser Schreibweise nicht ersichtlich, dafür hat man aber sechs formal verschiedene Ausdrücke für denselben Skalar[1] $V$.

Wir gehen nun daran, einige wichtige Formeln für den ε-Tensor abzuleiten. Zunächst bilden wir durch Multiplikation den Tensor sechster Stufe:

$$\varepsilon_{ijk}\,\varepsilon_{pqr} = \begin{vmatrix} \overset{1}{e}_i & \overset{1}{e}_j & \overset{1}{e}_k \\ \overset{2}{e}_i & \overset{2}{e}_j & \overset{2}{e}_k \\ \overset{3}{e}_i & \overset{3}{e}_j & \overset{3}{e}_k \end{vmatrix} \cdot \begin{vmatrix} \overset{1}{e}_p & \overset{1}{e}_q & \overset{1}{e}_r \\ \overset{2}{e}_p & \overset{2}{e}_q & \overset{2}{e}_r \\ \overset{3}{e}_p & \overset{3}{e}_q & \overset{3}{e}_r \end{vmatrix}.$$

[1] Gelegentlich wird $V$ als Pseudoskalar bezeichnet, weil man der irrigen Meinung ist, daß $V$ sein Vorzeichen ändern müsse, wenn man von einem Rechtskoordinatensystem zu einem Linkskoordinatensystem übergeht. Dies tritt aber nur ein, wenn man vergißt, die Vorzeichen des ε-Tensors in gleicher Weise zu ändern wie die der Koordinaten der drei Vektoren.

Multiplizieren wir die beiden Determinanten durch Kombination von Spalten mit Spalten, so folgt

$$\varepsilon_{ijk}\,\varepsilon_{pqr} = \begin{vmatrix} \overset{g}{e}_i\,\overset{g}{e}_p & \overset{g}{e}_i\,\overset{g}{e}_q & \overset{g}{e}_i\,\overset{g}{e}_r \\ \overset{h}{e}_j\,\overset{h}{e}_p & \overset{h}{e}_j\,\overset{h}{e}_q & \overset{h}{e}_j\,\overset{h}{e}_r \\ \overset{l}{e}_k\,\overset{l}{e}_p & \overset{l}{e}_k\,\overset{l}{e}_q & \overset{l}{e}_k\,\overset{l}{e}_r \end{vmatrix}$$

oder wegen (9, 04)

$$\varepsilon_{ijk}\,\varepsilon_{pqr} = \begin{vmatrix} \delta_{ip} & \delta_{iq} & \delta_{ir} \\ \delta_{jp} & \delta_{jq} & \delta_{jr} \\ \delta_{kp} & \delta_{kq} & \delta_{kr} \end{vmatrix}, \tag{11, 14}$$

ein recht bemerkenswerter Zusammenhang zwischen $\varepsilon$-Tensor und $\delta$-Tensor. Wir setzen nun in (11, 14) $r = k$ und erhalten für diese Überschiebung des $\varepsilon$-Tensors mit sich selbst

$$\varepsilon_{ijk}\,\varepsilon_{pqk} = \begin{vmatrix} \delta_{ip} & \delta_{iq} & \delta_{ik} \\ \delta_{jp} & \delta_{jq} & \delta_{jk} \\ \delta_{kp} & \delta_{kq} & \delta_{kk} \end{vmatrix} = \begin{vmatrix} \delta_{ip} & \delta_{iq} & \delta_{ik} \\ \delta_{jp} & \delta_{jq} & \delta_{jk} \\ \delta_{kp} & \delta_{kq} & 3 \end{vmatrix}.$$

Entwickeln wir die letzte Determinante nach der dritten Zeile, von rechts beginnend, so finden wir

$$\begin{aligned}\varepsilon_{ijk}\,\varepsilon_{pqk} &= 3\,(\delta_{ip}\,\delta_{jq} - \delta_{iq}\,\delta_{jp}) - \delta_{kq}\,(\delta_{ip}\,\delta_{jk} - \delta_{ik}\,\delta_{jp}) + \\ &\quad + \delta_{kp}\,(\delta_{iq}\,\delta_{jk} - \delta_{ik}\,\delta_{jq}) \\ &= 3\,(\delta_{ip}\,\delta_{jq} - \delta_{iq}\,\delta_{jp}) - (\delta_{ip}\,\delta_{jq} - \delta_{iq}\,\delta_{jp}) - \\ &\quad - (\delta_{ip}\,\delta_{jq} - \delta_{iq}\,\delta_{jp}),\end{aligned}$$

also

$$\boxed{\varepsilon_{ijk}\,\varepsilon_{pqk} = \delta_{ip}\,\delta_{jq} - \delta_{iq}\,\delta_{jp}.} \tag{11, 15}$$

Diese Formel ist eine der wichtigsten der ganzen Tensorrechnung. Wir können sie auch in der Form

$$\varepsilon_{ijk}\,\varepsilon_{pqk} = \begin{vmatrix} \delta_{ip} & \delta_{iq} \\ \delta_{jp} & \delta_{jq} \end{vmatrix} \tag{11, 16}$$

schreiben. Die Determinante stimmt mit der zweireihigen Unterdeterminante links oben in (11, 14) überein.

Wegen (11, 09) läßt sich (11, 15) in mehreren verschiedenen, aber völlig gleichwertigen Formen schreiben, die sich durch die Stellung der Summationsindizes unterscheiden. Jedenfalls gilt

$$\varepsilon_{ijk}\,\varepsilon_{pqk} = \varepsilon_{ikj}\,\varepsilon_{pkq} = \varepsilon_{kij}\,\varepsilon_{kpq},$$

so daß man sich als einfache Grundregel merken kann, daß (11, 15) richtig bleibt, wenn die beiden Summationsindizes *an gleichen Stellen* in den beiden ε-Tensoren stehen; alle anderen Stellungen der Summationsindizes kann man dann durch eine oder zwei Vertauschungen auf eine der drei obigen Stellungen zurückführen; je nachdem erscheint dann rechts ein Minuszeichen oder nicht. Die Verteilung der freien Indizes auf der rechten Seite von (11, 15) merkt man sich am besten mittels der Determinante (11, 16) oder aber nach dem Schema

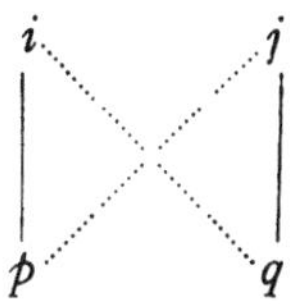


in dem in der ersten Zeile die freien Indizes des ersten, in der zweiten Zeile die des zweiten ε-Tensors angeschrieben sind; die Indizes der δ-Tensoren des ersten Gliedes von (11, 15) stehen untereinander (ausgezogene Linien), die des zweiten Gliedes diagonal (punktierte Linien).

Ein anderes Verfahren besteht darin, daß man sich die Indizes nebeneinander geschrieben denkt und sie mit Brücken nach dem Schema

verbindet. Für die δ-Tensoren des ersten Gliedes gelten die oberen, für die des zweiten die unteren Brücken.

Die Formel (11, 15) enthält den sogenannten *Entwicklungssatz,* der symbolisch geschrieben

$$[[\mathfrak{A}\,\mathfrak{B}]\,\mathfrak{C}] = (\mathfrak{A}\,\mathfrak{C})\,\mathfrak{B} - (\mathfrak{B}\,\mathfrak{C})\,\mathfrak{A} \qquad (11, 17)$$

lautet. Die linke Seite ist das äußere Produkt der zwei Vektoren

$[\mathfrak{A}\,\mathfrak{B}]$ und $\mathfrak{C}$, der eine Faktor ist also selbst ein äußeres Produkt. In unserer Schreibweise ist das:

$$\varepsilon_{ijk}\,(\varepsilon_{jhl}\,A_h\,B_l)\,C_k = -(\delta_{ih}\,\delta_{kl} - \delta_{il}\,\delta_{kh})\,A_h\,B_l\,C_k =$$
$$= (A_k\,C_k)\,B_i - (B_k\,C_k)\,A_i,$$

wobei wir die Klammern im ersten und letzten Ausdruck nur des besseren Vergleiches mit (11, 17) halber gesetzt haben; sie sind überflüssig, da durch die Indizes allein ausgedrückt ist, wie die Faktoren zusammengehören, d. h. wo Überschiebungen auftreten.

Auch die Formel

$$[\mathfrak{A}\,\mathfrak{B}]\,[\mathfrak{C}\,\mathfrak{D}] = (\mathfrak{A}\,\mathfrak{C})\,(\mathfrak{B}\,\mathfrak{D}) - (\mathfrak{A}\,\mathfrak{D})\,(\mathfrak{B}\,\mathfrak{C})$$

ist in unserer Schreibweise eine einfache Folge von (11, 15), nämlich

$$\varepsilon_{ijk}\,A_j\,B_k\,\varepsilon_{ihl}\,C_h\,D_l = (\delta_{jh}\,\delta_{kl} - \delta_{jl}\,\delta_{kh})\,A_j\,B_k\,C_h\,D_l =$$
$$= A_j\,C_j\,B_k\,D_k - A_j\,D_j\,B_k\,C_k.$$

Dasselbe gilt für die Formel

$$[[\mathfrak{A}\,\mathfrak{B}]\,[\mathfrak{C}\,\mathfrak{D}]] = (\mathfrak{A}\,[\mathfrak{C}\,\mathfrak{D}])\,\mathfrak{B} - (\mathfrak{B}\,[\mathfrak{C}\,\mathfrak{D}])\,\mathfrak{A},$$

die wir

$$\varepsilon_{ijk}\,\varepsilon_{jhl}\,A_h\,B_l\,\varepsilon_{kpq}\,C_p\,D_q = -(\delta_{ih}\,\delta_{kl} - \delta_{il}\,\delta_{kh})\,\varepsilon_{kpq}\,A_h\,B_l\,C_p\,D_q =$$
$$= (A_k\,B_i - A_i\,B_k)\,\varepsilon_{kpq}\,C_p\,D_q$$

schreiben; es gibt noch eine zweite Form, wenn wir $\varepsilon_{ijk}\,\varepsilon_{kpq}$ zusammenfassen, woraus

$$(\delta_{ip}\,\delta_{jq} - \delta_{iq}\,\delta_{jp})\,\varepsilon_{jhl}\,A_h\,B_l\,C_p\,D_q = (C_i\,D_j - C_j\,D_i)\,\varepsilon_{jhl}\,A_h\,B_l$$

folgt. Man kann daraus, da $A_i$, $B_i$, $C_i$ und $D_i$ willkürliche Vektoren sind, schließen, daß

$$\left.\begin{aligned} \varepsilon_{ijk}\,\varepsilon_{jhl}\,\varepsilon_{kpq} &= (\delta_{il}\,\delta_{kh} - \delta_{ih}\,\delta_{kl})\,\varepsilon_{kpq} \\ &= (\delta_{ip}\,\delta_{jq} - \delta_{iq}\,\delta_{jp})\,\varepsilon_{jhl} \end{aligned}\right\} \qquad (11, 18)$$

ist, was aber im wesentlichen mit einer Überschiebung beider Seiten von (11, 15) z. B. mit $\varepsilon_{jhl}$ übereinstimmt.

Setzen wir in (11, 14) nicht nur $r = k$, sondern auch $q = j$ (zweifache Überschiebung), so folgt aus (11, 15)

$$\varepsilon_{ijk}\,\varepsilon_{pjk} = 2\,\delta_{ip}. \qquad (11, 19)$$

also

$$\varepsilon_{ijk}\,\varepsilon_{pjk} = \delta_{ip}\,\delta_{jj} - \delta_{ij}\,\delta_{jp} = 3\,\delta_{ip} - \delta_{ip},$$

Setzen wir auch noch $p = i$ (dreifache Überschiebung), so erhalten wir die Invariante

$$\varepsilon_{ijk}\,\varepsilon_{ijk} = 6. \qquad (11,\ 20)$$

Eine weitere Folge aus (11, 15) ist:

$$\varepsilon_{ijk}\,\varepsilon_{pqk} + \varepsilon_{jpk}\,\varepsilon_{iqk} + \varepsilon_{pik}\,\varepsilon_{jqk} = 0 \qquad (11,\ 21)$$

(man beachte die „zyklische" Vertauschung der Indizes $i\,j\,p \to \to j\,p\,i \to p\,i\,j$!), die sich durch Einsetzen von (11, 15) unmittelbar nachrechnen läßt.

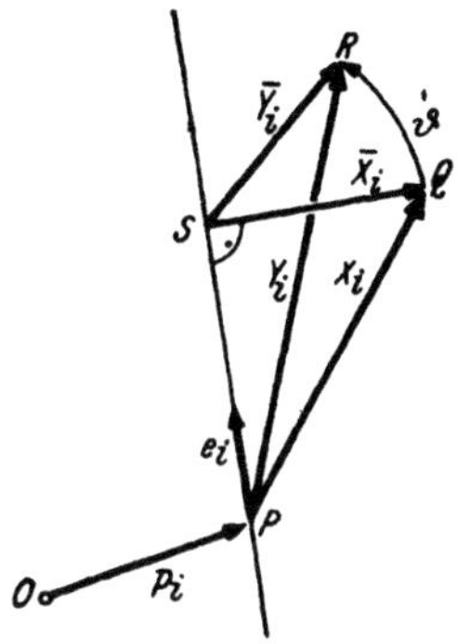

Abb. 25

Als Anwendungsbeispiel wollen wir die Drehung eines starren Körpers um eine feste Achse behandeln (Abb. 25). Die Achse sei durch einen Punkt $P$ mit dem Ortsvektor $p_i$ und die Richtung $e_i$ gegeben, wobei wir $e_i$ als Einsvektor, also $e_i\,e_i = 1$ annehmen. Die Orientierung von $e_i$ sei so gewählt, daß sie zusammen mit der Drehung eine Rechtsschraube ergibt. Der Drehwinkel sei $\vartheta$. Ein beliebiger, nicht auf der Drehachse gelegener Punkt $Q$ des Körpers geht durch die Drehung in einen anderen Punkt $R$ über, durch die Drehung wird also dem Vektor $X_i$ mit dem Anfangspunkt $P$ und dem Endpunkt $Q$ ein Vektor $Y_i$ eindeutig zugeordnet, dessen Anfangspunkt wieder $P$ und dessen Endpunkt $R$ ist. Für den Sonderfall $p_i = 0$, $e_i = \delta_{3i}$ haben wir die Aufgabe im zweiten Beispiel des § 8 gelöst.

Bezeichnen wir mit $\overline{X}_i$ und $\overline{Y}_i$ die Komponenten von $X_i$ und $Y_i$ in der zu $e_i$ senkrechten Ebenenstellung (ist $S$ die orthogonale Projektion von $Q$ und $R$ auf die Achse, so haben $\overline{X}_i$ und $\overline{Y}_i$ die Endpunkte $Q$ und $R$, wenn wir ihre Anfangspunkte nach $S$ legen), so geht $\overline{X}_i$ durch die Drehung in $\overline{Y}_i$ über und wir können folgende Bedingungen aufstellen:

1. Die Längen von Vektoren bleiben bei der Drehung ungeändert, d. h.:

$$X = Y \text{ und } \overline{X} = \overline{Y}.$$

2. Die Projektionen von $X_i$ und $Y_i$ auf die Achse sind gleich lang (gleich der Strecke $\overline{PS}$), d. h.:

$$X_i e_i = Y_i e_i.$$

3. Der Drehwinkel ist $\vartheta$, was wir durch

$$\overline{X}_i \overline{Y}_i = \overline{X} \overline{Y} \cos \vartheta \tag{11, 22}$$

zum Ausdruck bringen.

Unsere Aufgabe ist es, $Y_i$ als Funktion von $X_i$ zu bestimmen. Wir können aus den Vektoren $e_i$ und $\overline{X}_i$ durch Hinzufügen des Vektors $\varepsilon_{ijk} e_j \overline{X}_k$ ein orthogonales Dreibein bilden, in dem dann $Y_i$ durch geeignete skalare Faktoren $a$, $b$, $c$ darstellbar sein muß:

$$Y_i = a \overline{X}_i + b e_i + c \varepsilon_{ijk} e_j \overline{X}_k. \tag{11, 23}$$

Nach (6, 13) ist

$$\overline{X}_i = X_i - X_j e_j e_i. \tag{11, 24}$$

Zunächst ist

$$a = \cos \vartheta, \tag{11, 25}$$

da nach (11, 22) $a \overline{X}$ die Projektion von $\overline{Y}_i$ auf die Richtung von $\overline{X}_i$ ist. Die dazu senkrechte Komponente von $\overline{Y}_i$ ist der letzte Summand in (11, 23), wobei

$$c = \sin \vartheta \tag{11, 26}$$

ist. Wegen (11, 24) ist ferner

$$\begin{aligned} \varepsilon_{ijk} e_j \overline{X}_k &= \varepsilon_{ijk} e_j (X_k - X_h e_h e_k) = \\ &= \varepsilon_{ijk} e_j X_k = - \varepsilon_{ijk} X_j e_k \end{aligned} \tag{11, 27}$$

und schließlich ist

$$b = X_j e_j \tag{11, 28}$$

die Länge der Projektion von $X_i$ auf die Richtung $e_i$. Tragen wir (11, 24) bis (11, 28) in (11, 23) ein, so folgt

$$Y_i = e_i e_j X_j + (X_i - e_i e_j) \cos \vartheta - \varepsilon_{ijk} X_j e_k \sin \vartheta. \tag{11, 29}$$

Die Zuordnung der Vektoren $Y_i$ zu den Vektoren $X_i$, die durch das mechanische Objekt des um eine feste Achse drehbaren starren Körpers gegeben ist, findet ihren mathematischen Ausdruck in dem *Drehtensor*

$$\boxed{D_{ij} = e_i\, e_j + (\delta_{ij} - e_i\, e_j) \cos\vartheta - \varepsilon_{ijk}\, e_k \sin\vartheta,} \tag{11, 30}$$

der aus (11, 29) unmittelbar abzulesen ist; es ist also

$$Y_i = D_{ij}\, X_j,$$

denn die Überschiebung von (11, 30) mit $X_j$ gibt wieder (11, 29) In Matrizenform geschrieben, lautet (11, 30):

$$D_{ij} = \begin{pmatrix} a + b\, e_1^2 & b\, e_1\, e_2 - c\, e_3 & b\, e_1\, e_3 + c\, e_2 \\ b\, e_1\, e_2 + c\, e_3 & a + b\, e_2^2 & b\, e_2\, e_3 - c\, e_1 \\ b\, e_1\, e_3 - c\, e_2 & b\, e_2\, e_3 + c\, e_1 & a + b\, e_3^2 \end{pmatrix}, \tag{11, 31}$$

wo zur Abkürzung $a = \cos\vartheta$, $b = 1 - \cos\vartheta$, $c = \sin\vartheta$ gesetzt ist. Setzt man hier noch $e_1 = \cos\alpha$, $e_2 = \cos\beta$, $e_3 = \cos\gamma$, so kommt man zu der Gestalt, in der man früher die Formeln für die Drehung eines starren Körpers hergeleitet und geschrieben hat. Nicht nur die viel einfachere Gestalt (11, 30), sondern auch die Herleitung, die wir in aller Ausführlichkeit wiedergegeben haben, zeigen die Vorteile der tensoriellen Methoden besonders deutlich.

Für den in § 8 behandelten Sonderfall $e_i = \delta_{3i}$ wird (11, 30)

$$D_{ij} = \delta_{ij} \cos\vartheta + \delta_{3i}\, \delta_{3j}\, (1 - \cos\vartheta) - \varepsilon_{ij3} \sin\vartheta,$$

während (11, 31) in (8, 05) übergeht.

Die Drehung eines Koordinatensystems, also die orthogonale Transformation

$$\bar{x}_i = a_{ij}\, x_j \tag{11, 32}$$

mit

$$a_{ij}\, a_{ik} = \delta_{jk} \tag{11, 33}$$

muß mit (11, 29) jedenfalls in engem Zusammenhang stehen. Deuten wir sie nicht als Koordinaten-, sondern als Vektortransformation

$$Y_i = a_{ij}\, X_j, \tag{11, 34}$$

so muß sie mit (11, 29) überhaupt identisch sein. Wir stellen zunächst fest, daß (11, 29) ebenso wie (11, 32) oder (11, 34) von drei Parametern abhängt. Das folgt einerseits daraus, daß die Drehungsgruppe dreigliedrig ist (§ 9); anderseits hängt (11, 29) von dem Parameter $\vartheta$ und den Koordinaten des Vektors $e_i$ ab, zwischen denen aber die Relation $e_i e_i = 1$ besteht, so daß nur zwei davon willkürlich sind. Der Nachweis ist vollständig, wenn wir zeigen, daß der Drehtensor $D_{ij}$ den zu (11, 33) analogen Relationen

$$D_{ij} D_{ih} = \delta_{jh} \tag{11, 35}$$

genügt. Wir erhalten aus (11, 30):

$$\begin{aligned} D_{ij} D_{ih} &= [\delta_{ij} \cos\vartheta + e_i e_j (1 - \cos\vartheta) - \varepsilon_{ijk} e_k \sin\vartheta] \cdot [\delta_{ih} \cos\vartheta + \\ &\quad + e_i e_h (1 - \cos\vartheta) - \varepsilon_{ihl} e_l \sin\vartheta] = \\ &= \delta_{ij} \delta_{ih} \cos^2\vartheta + e_j e_h (1 - \cos\vartheta) \cos\vartheta + e_h e_j (1 - \\ &\quad - \cos\vartheta) \cos\vartheta + e_j e_h (1 - \cos\vartheta)^2 + \\ &\quad + (\delta_{jh} \delta_{kl} - \delta_{jl} \delta_{kh}) e_k e_l \sin^2\vartheta = \\ &= \delta_{jh} \cos^2\vartheta + e_j e_h (1 - \cos^2\vartheta) + \delta_{jh} \sin^2\vartheta - e_j e_h \sin^2\vartheta = \\ &= \delta_{jh}, \end{aligned}$$

was zu beweisen war. Wir haben bei der Rechnung neben (11, 15) noch $\delta_{ij} e_i e_i = e_i e_j = 1$ und $\varepsilon_{ihl} e_i e_l = 0$ benützt. Es müssen sich aber auch umgekehrt bei gegebenen $D_{ij} = a_{ij}$ die Richtung $e_i$ der Drehachse und der Drehwinkel $\vartheta$ berechnen lassen, wenn nur (11, 35) gilt. Die Verjüngung des Tensors $D_{ij}$ liefert

$$D_{ii} = 3 \cos\vartheta + (1 - \cos\vartheta) = 1 + 2 \cos\vartheta,$$

also

$$\boxed{\cos\vartheta = \frac{1}{2} (D_{ii} - 1),} \tag{11, 36}$$

während die Überschiebung von (11, 30) mit $\varepsilon_{ijh}$ wegen (11, 19)

$$\varepsilon_{ijh} D_{ij} = -2 \delta_{kh} e_k \sin\vartheta,$$

also

$$\boxed{e_h = -\frac{1}{2 \sin\vartheta} \varepsilon_{ijh} D_{ij}} \tag{11, 37}$$

liefert. Man erhält also aus (11, 36) den Drehwinkel $\vartheta$ und dann aus (11, 37) den Vektor $e_i$; man sieht, daß die Orientierung von $e_i$ durch das Vorzeichen von $\vartheta$ gegeben ist; ersetzen wir $\vartheta$ durch $-\vartheta$ *(Rückdrehung)*, so kehrt sich die Orientierung von $e_i$ um. Wir werden in § 13 auf den Skalar $D_{ii}$ und den Vektor $\varepsilon_{ijh} D_{ij}$

noch von allgemeineren Gesichtspunkten aus, nämlich für beliebige Tensoren $D_{ij}$, zurückkommen.

Ist der Drehwinkel $\vartheta$ so klein, daß wir im Rahmen der gerade geforderten Genauigkeit

$$\cos\vartheta = 1, \quad \sin\vartheta = \vartheta$$

setzen können, so geht (11, 30) über in

$$D_{ij} = \delta_{ij} - \varepsilon_{ijk}\, e_k\, \vartheta. \tag{11, 38}$$

Überschiebung mit $X_j$ gibt

$$Y_i = D_{ij}\, X_j = X_i - \varepsilon_{ijk}\, X_j\, e_k\, \vartheta.$$

Setzen wir hier noch

$$e_j\, \vartheta = D_j \tag{11, 39}$$

und

$$Y_i - X_i = dX_i, \tag{11, 40}$$

so folgt

$$\boxed{dX_i = \varepsilon_{ijk}\, D_j\, X_k} \tag{11, 41}$$

als Ausdruck der *infinitesimalen Drehung*, die in erster Annäherung[1] die Änderung $dX_i$ des Vektors $X_i$ bei einer Drehung durch den kleinen Winkel $\vartheta$ angibt. Der Vektor $D_i$ heißt *Drehvektor* der infinitesimalen Drehung, er gibt wie $e_i$ die Richtung der Drehachse an, während seine Länge nach (11, 39) mit dem Drehwinkel $\vartheta$ übereinstimmt. $dX_i$ steht dabei auf $D_i$ und $X_i$ senkrecht.

### Aufgaben

1. Es ist die Fläche des durch die Punkte $a_i = (1, 2, 1)$, $b_i = (2, 7, 5)$ und $c_i = (5, 4, 2)$ bestimmten Dreiecks zu berechnen.

---

[1] Eine Funktion $f(x)$ der unabhängigen Variablen $x$ wird in der Umgebung eines Punktes $x_0$ durch die Taylorreihe

$$f(x) = f(x_0) + (x - x_0)\, f'(x_0) + \frac{(x - x_0)^2}{2}\, f''(x_0) + \ldots$$

wiedergegeben. Die Änderung $f(x) - f(x_0)$ der Funktion ist bei kleinem $dx = x - x_0$ in erster Annäherung durch

$$df(x) = f'(x_0) . dx$$

gegeben. Geometrisch heißt das, daß die Kurve $y = f(x)$ in der Umgebung des Punktes $x_0$, $y_0 = f(x_0)$ durch die Tangente $y - y_0 = f'(x_0)\,(x - x_0)$ ersetzt wird. (11, 41) entspricht dem obigen Ausdruck für das Differential $df(x)$ für $x_0 = 0$ und $dx = \vartheta$.

2. Es ist der Inhalt des Tetraeders mit den Eckpunkten $a_i = (1, 2, 3)$, $b_i = (1, -2, 5)$, $c_i = (-4, -3, 7)$, $d_i = (2, 2, -5)$ zu berechnen.

3. Es ist die Gleichung der Ebene aufzustellen, die durch die Punkte $a_i$, $b_i$ und $c_i$ bestimmt ist.

Speziell: $a_i = (1, 2, 4)$, $b_i = (2, 3, -1)$, $c_i = (3, 8, -7)$.

4. Es ist der Winkel der beiden Ebenen $x_i a_i = c_1$ und $x_i b_i = c_2$ anzugeben. Welche Bedingung ist erfüllt, wenn a) die Ebenen aufeinander senkrecht stehen, b) parallel sind?

5. Der Abstand der Geraden $x_i = a_i + p_i u$ und $x_i = b_i + q_i v$ ist zu bestimmen. Welche Bedingung ist erfüllt, a) wenn sich die beiden Geraden schneiden, b) wenn sie parallel sind? c) Wie ist der Schnittwinkel zu bestimmen? d) Welchen Wert hat der Parameter $u$ im Anfangspunkt von $d_i$?

Speziell: Es ist der Abstand der Geraden durch $m_i = (7, 5, 4)$ und $n_i = (6, 5, 6)$ von der Geraden durch $s_i = (5, -2, -3)$ und $t_i = (-10, 7, 15)$ zu bestimmen.

6. Es ist der Abstand der Schnittgeraden der beiden Ebenen $x_i a_i = c$ und $x_i b_i = k$ vom Ursprung zu bestimmen.

7. Durch einen Punkt $p_i$ ist eine Gerade zu legen, die zwei gegebene Geraden $x_i = a_i + m_i u$ und $x_i = b_i + n_i v$ schneidet.

## § 12. Reziproke Dreibeine

Wir knüpfen an die Darstellung (4, 08) eines Vektors $D_i$ im Dreibein $A_i$, $B_i$, $C_i$ an, nämlich

$$D_p = \lambda A_p + \mu B_p + \nu C_p. \qquad (12, 01)$$

Wir sind jetzt in der Lage, die Skalare $\lambda$, $\mu$, $\nu$ zu berechnen und damit die Zerlegung eines Vektors nach den Richtungen dreier gegebener Vektoren durchzuführen. Ersetzen wir in (12, 01) den Index $p$ der Reihe nach durch $i$, $j$, $k$ und überschieben wir die drei so entstehenden Gleichungen der Reihe nach mit $\varepsilon_{ijk} B_j C_k$, $\varepsilon_{ijk} A_i C_k$ und $\varepsilon_{ijk} A_i B_j$, so folgt[1]:

[1] Der Gedanke, der zu diesen Überschiebungen führt, ist folgendermaßen: Wenn wir aus (12, 01) eine der Unbekannten, z. B. $\nu$, eliminieren wollen, so genügt es, die Gleichung mit einem auf $C_p$ senkrechten, aber sonst beliebigen Vektor $X_p \neq 0$ zu überschieben. Dasselbe erreicht man, wenn man statt des Vektors $X_p$ einen beliebigen Tensor $X_{p\,\ldots}$ verwendet, für den nur $C_p X_{p\,\ldots} = 0$ gilt. Ein solcher Tensor ist z. B.

$$X_{pq} = \varepsilon_{pqr} C_r.$$

Wir können mit einer Überschiebung auch gleich zwei Unbekannte eliminieren, z. B. $\mu$ und $\nu$, wenn wir dazu einen Vektor verwenden, der sowohl auf $B_p$ wie auch auf $C_p$ senkrecht steht; ein solcher Vektor ist aber $\varepsilon_{pqr} B_q C_r$.

$$\left.\begin{aligned} \lambda\, \varepsilon_{ijk} A_i B_j C_k &= \varepsilon_{ijk} D_i B_j C_k, \\ \mu\, \varepsilon_{ijk} A_i B_j C_k &= \varepsilon_{ijk} A_i D_j C_k, \\ \nu\, \varepsilon_{ijk} A_i B_j C_k &= \varepsilon_{ijk} A_i B_j D_k. \end{aligned}\right\} \qquad (12, 02)$$

Der Faktor von $\lambda$, $\mu$, $\nu$ links ist in allen drei Gleichungen derselbe, nämlich nach (11, 12) das Volumen des durch das Dreibein $A_i$, $B_i$, $C_i$ aufgespannten Parallelepipeds, das sicher von Null verschieden ist, während rechts die Volumina der Parallelepipede stehen, die sich ergeben, wenn man jeweils einen der drei Vektoren des Dreibeins durch den Vektor $D_i$ ersetzt. Vom algebraischen Standpunkt ist (12, 02) nichts anderes als die Auflösung des Systems linearer Gleichungen (12, 01) mit den Unbekannten $\lambda$, $\mu$, $\nu$.

Wir setzen

$$\left.\begin{aligned} A_i' &= \frac{\varepsilon_{ijk} B_j C_k}{\varepsilon_{pqr} A_p B_q C_r}, \\ B_j' &= \frac{\varepsilon_{ijk} A_i C_k}{\varepsilon_{pqr} A_p B_q C_r}, \\ C_k' &= \frac{\varepsilon_{ijk} A_i B_j}{\varepsilon_{pqr} A_p B_q C_r}. \end{aligned}\right\} \qquad (12, 03)$$

Diese drei Vektoren, die von den gleich bezeichneten Vektoren (4, 09) natürlich gänzlich verschieden sind, bilden das zu $A_i$, $B_i$, $C_i$ *reziproke* oder *adjungierte Dreibein.* Jeder von ihnen steht, wie aus (12, 03) zu entnehmen ist, auf je zwei Vektoren des ursprünglichen Dreibeins senkrecht. Wir werden gleich zeigen, daß sie linear unabhängig sind und daher auch wirklich ein Dreibein bilden. (12, 02) läßt sich mit Hilfe von (12, 03) einfacher schreiben:

$$\lambda = A_i' D_i, \quad \mu = B_i' D_i, \quad \nu = C_i' D_i, \qquad (12, 04)$$

so daß aus (12, 01)

$$D_p = A_i' D_i A_p + B_i' D_i B_p + C_i' D_i C_p \qquad (12, 05)$$

wird. Damit ist die gesuchte Zerlegung von $D_i$ nach den Richtungen $A_i$, $B_i$, $C_i$ bestimmt.

Aus (12, 03) folgt

$$A_i A_i' = B_i B_i' = C_i C_i' = 1,$$

$$A_i B_i' = A_i C_i' = B_i C_i' = B_i A_i' = C_i A_i' = C_i B_i' = 0,$$

was wir in Matrizenform schreiben können:

$$\begin{pmatrix} A_i A_i' & A_i B_i' & A_i C_i' \\ B_j A_j' & B_j B_j' & B_j C_j' \\ C_k A_k' & C_k B_k' & C_k C_k' \end{pmatrix} = \begin{pmatrix} 1 & 0 & 0 \\ 0 & 1 & 0 \\ 0 & 0 & 1 \end{pmatrix}. \qquad (12, 06)$$

Für die Determinanten (Volumina) der reziproken Dreibeine folgt daraus:

$$\begin{vmatrix} A_1 & A_2 & A_3 \\ B_1 & B_2 & B_3 \\ C_1 & C_2 & C_3 \end{vmatrix} \cdot \begin{vmatrix} A_1' & A_2' & A_3' \\ B_1' & B_2' & B_3' \\ C_1' & C_2' & C_3' \end{vmatrix} = 1. \qquad (12, 07)$$

Es kann somit keine der beiden Determinanten Null sein, weil sonst die andere unendlich wäre und daher sind auch $A_i'$, $B_i'$, $C_i'$ linear unabhängig.

In symbolischer Schreibweise ist das zum Dreibein $\mathfrak{A}$, $\mathfrak{B}$, $\mathfrak{C}$ reziproke Dreibein durch

$$\mathfrak{A}' = \frac{(\mathfrak{B} \times \mathfrak{C})}{[\mathfrak{A}\,\mathfrak{B}\,\mathfrak{C}]}, \qquad \mathfrak{B}' = \frac{(\mathfrak{C} \times \mathfrak{A})}{[\mathfrak{A}\,\mathfrak{B}\,\mathfrak{C}]}, \qquad \mathfrak{C}' = \frac{(\mathfrak{A} \times \mathfrak{B})}{[\mathfrak{A}\,\mathfrak{B}\,\mathfrak{C}]}$$

gegeben, wobei

$$\mathfrak{A}\,\mathfrak{A}' = \mathfrak{B}\,\mathfrak{B}' = \mathfrak{C}\,\mathfrak{C}' = 1$$

und

$$\mathfrak{A}\,\mathfrak{B}' = \mathfrak{A}\,\mathfrak{C}' = \mathfrak{B}\,\mathfrak{C}' = \mathfrak{B}\,\mathfrak{A}' = \mathfrak{C}\,\mathfrak{A}' = \mathfrak{C}\,\mathfrak{B}' = 0$$

sind und

$$[\mathfrak{A}\,\mathfrak{B}\,\mathfrak{C}]\,[\mathfrak{A}'\,\mathfrak{B}'\,\mathfrak{C}'] = 1$$

gilt.

Setzen wir (12, 02) in (12, 01) ein, so folgt:

$$\begin{aligned} D_p \varepsilon_{ijk} A_i B_j C_k &= \varepsilon_{ijk} (A_p D_i B_j C_k + B_p A_i D_j C_k + C_p A_i B_j D_k), \\ &= D_q (\varepsilon_{qjk} A_p B_j C_k + \varepsilon_{iqk} A_i B_p C_k + \varepsilon_{ijq} A_i B_j C_p) \end{aligned}$$

oder

$$\varepsilon_{ijk} \delta_{pq} A_i B_j C_k D_q = (\varepsilon_{qjk} \delta_{ip} + \varepsilon_{iqk} \delta_{jp} + \varepsilon_{ijq} \delta_{kp})\, A_i\, B_j\, C_k\, D_q.$$

Da hier $A_i$, $B_j$, $C_k$, $D_q$ völlig willkürliche Vektoren sind, muß

$$\boxed{\varepsilon_{ijk}\, \delta_{pq} = \varepsilon_{qjk}\, \delta_{ip} + \varepsilon_{iqk}\, \delta_{jp} + \varepsilon_{ijq}\, \delta_{kp}} \qquad (12, 08)$$

sein. Man kann diese wichtige Relation auch leicht direkt beweisen. Sind nämlich zunächst zwei der drei Indizes $i$, $j$, $k$ gleich, z. B. $i = j$ (womit aber jetzt nicht gemeint ist, daß in (12, 08)

$i = j$ zu setzen und über den doppelten Index zu summieren ist, sondern nur, daß $i$ und $j$ beide denselben Wert 1, 2 oder 3 haben), so verschwindet die linke Seite von (12, 08) und das letzte Glied rechts; die beiden anderen Glieder sind

$$\varepsilon_{qik}\,\delta_{ip} + \varepsilon_{iqk}\,\delta_{ip} \text{ (nicht summieren über } i!),$$

unterscheiden sich also nur durch die Stellung der Indizes $i$ und $q$ der $\varepsilon$-Tensoren und sind daher entgegengesetzt gleich. Sind alle Indizes $i, j, k$ verschieden, so ist $i, j, k$ eine Permutation von 1, 2, 3; $q$ muß dann einer dieser Zahlen gleich sein, z. B. $q = i$. Dann stimmt die linke Seite von (12, 08) mit dem ersten Glied rechts überein, während die beiden anderen Glieder verschwinden.

Wir bezeichnen nun die Vektoren des Dreibeins $A_i$, $B_i$, $C_i$ mit $\overset{p}{u}_i$ ($p = 1, 2, 3$), die des reziproken mit $\overset{p}{v}_i$. (12, 06) läßt sich dann in der Form

$$\boxed{\overset{p}{u}_i\,\overset{q}{v}_i = \delta_{pq}} \qquad (12, 09)$$

zusammenfassen. Dann gelten aber auch die Gleichungen

$$\boxed{\overset{p}{u}_i\,\overset{p}{v}_j = \delta_{ij},} \qquad (12, 10)$$

die eine gewisse Analogie mit (9, 03) und (9, 04) aufweisen, aber etwas allgemeiner sind. Zum Beweis von (12, 10) setzen wir zunächst

$$\overset{p}{u}_i\,\overset{p}{v}_j = X_{ij}$$

und überschieben mit $\overset{q}{v}_i$; es folgt wegen (12, 09)

$$X_{ij}\,\overset{q}{v}_i = \overset{p}{u}_i\,\overset{p}{v}_j\,\overset{q}{v}_i = \delta_{pq}\,\overset{p}{v}_j = \overset{q}{v}_j$$

oder

$$(X_{ij} - \delta_{ij})\,\overset{q}{v}_i = 0.$$

Da die $\overset{q}{v}_i$ linear unabhängige Vektoren sind, muß aber

$$X_{ij} = \delta_{ij}$$

sein, womit (12, 10) bewiesen ist. Ist das Dreibein $\overset{p}{u}_i$ normiert, so daß (9, 03) und (9, 04) gelten, so zeigt der Vergleich dieser Relationen mit (12, 09) und (12, 10), daß dann

$$\overset{p}{v}_i = \overset{p}{u}_i$$

ist, d. h., das reziproke Dreibein stimmt mit dem ursprünglichen überein.

Nach (12, 01) läßt sich jeder Vektor mit Hilfe von drei Skalaren in einem Dreibein darstellen. Mittels der Bezeichnungen $\overset{p}{u}_i$, $\overset{p}{v}_i$ läßt sich an Stelle von (12, 01)

$$U_i = \overset{p}{\mu}\, \overset{p}{u}_i \tag{12, 11}$$

schreiben, wobei die Skalare $\overset{p}{\mu}$ nach (12, 04) durch

$$\overset{p}{\mu} = U_i\, \overset{p}{v}_i \tag{12, 12}$$

gegeben sind. Man findet (12, 12) aus (12, 11) durch Überschiebung mit $\overset{q}{v}_i$ unter Benützung von (12, 09). Man hätte natürlich genau so gut $U_i$ im Dreibein $\overset{p}{v}_i$ darstellen können:

$$U_i = \overset{p}{\nu}\, \overset{p}{v}_i,$$

dann wäre

$$\overset{p}{\nu} = U_i\, \overset{p}{u}_i.$$

Diese Darstellung des Vektors durch die Skalare $\overset{p}{\mu}$ bzw. $\overset{p}{\nu}$ unterscheidet sich von der Darstellung durch die Koordinaten $U_i$ dadurch, daß die $U_i$ bei einer Bewegung des Koordinatensystems entsprechend dem Transformationsgesetz verändert werden, während die $\overset{p}{\mu}$ und $\overset{p}{\nu}$ ungeändert bleiben. Die Transformation verändert nur die Koordinaten der Dreibeine $\overset{p}{u}_i$ und $\overset{p}{v}_i$. Wir können die Skalare $\overset{p}{\mu}$ und $\overset{p}{\nu}$ als Koordinaten des Vektors $U_i$ in den durch die Dreibeine $\overset{p}{u}_i$ bzw. $\overset{p}{v}_i$ bestimmten schiefwinkeligen Koordinatensystemen (in denen die $\overset{p}{u}_i$ bzw. $\overset{p}{v}_i$ die Maßvektoren sind) auffassen und diese Koordinaten bleiben ungeändert, solange wir die Dreibeine $\overset{p}{u}_i$ und $\overset{p}{v}_i$ beibehalten.

Ganz entsprechend lassen sich auch Tensoren $m$-ter Stufe mit Hilfe reziproker Dreibeine durch $3^m$ Skalare darstellen. Für $m = 2$ gilt z. B. eine Darstellung

$$\boxed{A_{ij} = \underset{pq}{A}\, \overset{p}{u}_i\, \overset{q}{v}_j} \tag{12, 13}$$

von $A_{ij}$ durch $3^2 = 9$ Skalare $\underset{pq}{A}$. Überschieben wir (12, 13) mit $\overset{r}{v}_i\, \overset{s}{u}_j$, so folgt wegen (12, 09)

$$A_{ij}\, \overset{r}{v}_i\, \overset{s}{u}_j = \underset{pq}{A}\, \overset{p}{u}_i\, \overset{r}{v}_i\, \overset{q}{v}_j\, \overset{s}{u}_j = \underset{pq}{A}\, \delta_{pr}\, \delta_{qs} = \underset{rs}{A}$$

also

$$\boxed{\underset{pq}{A} = A_{ij}\, \overset{p}{v}_i\, \overset{q}{u}_j.} \tag{12, 14}$$

Setzt man in (12, 13)

$$\underset{pq}{A}\, \overset{p}{u}_i = \overset{q}{w}_i, \tag{12, 15}$$

so folgt

$$A_{ij} = \overset{q}{w}_i\, \overset{q}{v}_j, \tag{12, 16}$$

d. h. jeder Tensor zweiter Stufe läßt sich als Summe von drei (allgemeinen) Produkten von je zwei Vektoren darstellen[1].

Bemerkt sei, daß (12, 13) nicht die einzige Darstellung des Tensors $A_{ij}$ mit Hilfe der reziproken Dreibeine $\overset{p}{u}_i$, $\overset{p}{v}_i$ ist. Man hätte genau so gut z. B.

$$A_{ij} = \underset{pq}{A'}\, \overset{p}{u}_i\, \overset{q}{u}_j \quad \text{oder} \quad A_{ij} = \underset{pq}{A''}\, \overset{p}{v}_i\, \overset{q}{v}_j$$

setzen können; die Skalare $\underset{pq}{A'}$ und $\underset{pq}{A''}$ lassen sich in ganz ähnlicher Weise berechnen wie (12, 14). (12, 10) ist eine Darstellung des Maßtensors $\delta_{ij}$, die zugehörigen Skalare sind $\underset{pq}{\delta} = \delta_{pq}$. Setzt man aber

$$\delta_{ij} = \underset{pq}{\delta'}\, \overset{p}{u}_i\, \overset{q}{u}_j,$$

---

[1] In symbolischer Darstellung wird dies

$$\mathsf{A} = \overset{1}{\mathfrak{w}};\, \overset{1}{\mathfrak{v}} + \overset{2}{\mathfrak{w}};\, \overset{2}{\mathfrak{v}} + \overset{3}{\mathfrak{w}};\, \overset{3}{\mathfrak{v}}$$

geschrieben, wobei $\overset{1}{\mathfrak{w}};\, \overset{1}{\mathfrak{v}}$ das „dyadische“ Produkt der beiden Vektoren $\overset{1}{\mathfrak{w}}$ und $\overset{1}{\mathfrak{v}}$ bedeutet.

so folgt durch Überschiebung mit $\overset{r}{v}_i \overset{s}{v}_j$

$$\delta_{ij} \overset{r}{v}_i \overset{s}{v}_j = \overset{r}{v}_i \overset{s}{v}_i = \underset{pq}{\delta'} \delta_{pr} \delta_{qs} = \underset{rs}{\delta'},$$

die Skalare sind also hier

$$\underset{rs}{\delta'} = \overset{r}{v}_i \overset{s}{v}_i$$

und stimmen nur bei normierten Dreibeinen mit $\delta_{rs}$ überein.

Allgemein gilt: Jeder Tensor $m$-ter Stufe $A_{i_1 i_2 \ldots i_m}$ läßt sich mit Hilfe adjungierter Dreibeine durch $3^m$ Skalare in der Form

$$A_{i_1 i_2 \ldots i_m} = {}_{p_1 p_2 \ldots p_m}A \overset{p_1}{u}_{i_1} \overset{p_2}{u}_{i_2} \ldots \overset{p_m}{u}_{i_m} \tag{12, 17}$$

darstellen, dabei ist

$${}_{p_1 p_2 \ldots p_m}A = A_{i_1 i_2 \ldots i_m} \overset{p_1}{v}_{i_1} \overset{p_2}{v}_{i_2} \ldots \overset{p_m}{v}_{i_m}. \tag{12, 18}$$

Ähnliche Darstellungen erhält man, wenn man in (12, 17) einige (oder alle) Vektoren $\overset{p}{u}_i$ durch Vektoren $\overset{p}{v}_i$ ersetzt, in (12, 18) sind dann die entsprechenden Vektoren $\overset{p}{v}_i$ durch Vektoren $\overset{p}{u}_i$ zu ersetzen. (11, 07) ist eine Darstellung des $\varepsilon$-Tensors mit Hilfe eines normierten Dreibeins, die zugehörigen Skalare sind (höchstens bis auf das Vorzeichen) numerisch gleich den entsprechenden Koordinaten des $\varepsilon$-Tensors.

Aufgaben

1. Es ist das zu $A_i = (-1, 2, 2)$, $B_i = (2, -1, 2)$ und $C_i = (2, 2, -1)$ reziproke Dreibein anzugeben.

2. Es ist der Vektor $P_i = (P_1, P_2, P_3)$ nach den Richtungen $A_i = (-1, 1, 1)$, $B_i = (1, -1, 1)$, $C_i = (1, 1, -1)$ zu zerlegen.

## § 13. Tensoren zweiter Stufe

Die Tensoren zweiter Stufe sind für die Anwendungen von solcher Bedeutung, daß wir jetzt an eine ausführliche Behandlung ihrer besonderen Eigenschaften gehen wollen. Wir gehen dabei aus von der durch den gegebenen Tensor vermittelten Zuordnung von Vektoren, die wir hier als Abbildung oder Transformation von Vektorräumen auffassen. Es ergeben sich daraus völlig ungezwungen eine Reihe von fundamentalen Problemstellungen, wie z. B. die Bedeutung des Ranges eines Tensors, der inverse Tensor und die Tensorpotenzen, ferner die Frage der Eigenlösungen, d. h. der sich selbst entsprechenden Richtungen, die wieder bei den symmetrischen Tensoren von solcher Wichtigkeit sind, daß wir diese in § 14 gesondert behandeln.

Wir beginnen mit einigen mehr formalen Begriffsbildungen. Wie wir schon in § 8 festgestellt haben, hat ein Tensor zweiter Stufe neun Koordinaten, die wir in Form eines quadratischen Schemas (Matrix)

$$A_{ij} = \begin{pmatrix} A_{11} & A_{12} & A_{13} \\ A_{21} & A_{22} & A_{23} \\ A_{31} & A_{32} & A_{33} \end{pmatrix} \tag{13, 01}$$

anordnen können. Die Determinante[1]

$$A = \det A_{ij} = \begin{vmatrix} A_{11} & A_{12} & A_{13} \\ A_{21} & A_{22} & A_{23} \\ A_{31} & A_{32} & A_{33} \end{vmatrix} \tag{13, 02}$$

des Tensors $A_{ij}$ läßt sich mit Hilfe des $\varepsilon$-Tensors in der Form

$$A = \varepsilon_{ijk} A_{i1} A_{j2} A_{k3} \tag{13, 03}$$

oder aber auch in symmetrischer Form

$$\boxed{A = \frac{1}{6} \varepsilon_{ijk} \varepsilon_{pqr} A_{ip} A_{jq} A_{kr}} \tag{13, 04}$$

schreiben. Durch diese Schreibweise ist $A$ als *Invariante* charakterisiert. $A$ ist definiert durch eine sechsfache Überschiebung der beiden Tensorprodukte $\varepsilon_{ijk} \varepsilon_{pqr}$ und $A_{ip} A_{jq} A_{kr}$. Während aber (13, 03) unmittelbar aus (11, 06) folgt, ist (13, 04) nicht so ohne weiteres einzusehen.

Wir drücken zunächst $\varepsilon_{pqr}$ durch (11, 06) aus und erhalten:

$$A = \frac{1}{6} \varepsilon_{ijk} \begin{vmatrix} \delta_{p1} & \delta_{p2} & \delta_{p3} \\ \delta_{q1} & \delta_{q2} & \delta_{q3} \\ \delta_{r1} & \delta_{r2} & \delta_{r3} \end{vmatrix} A_{ip} A_{jq} A_{kr},$$

$$= \frac{1}{6} \varepsilon_{ijk} \begin{vmatrix} A_{i1} & A_{i2} & A_{i3} \\ A_{j1} & A_{j2} & A_{j3} \\ A_{k1} & A_{k2} & A_{k3} \end{vmatrix}.$$

[1] Die häufig verwendete Schreibweise $A = |A_{ij}|$ für die Determinante unterscheidet sich in keiner Weise von der gebräuchlichen Bezeichnung des absoluten Betrages der Koordinate $A_{ij}$ und sollte daher grundsätzlich vermieden werden.

Diese Determinante entwickeln wir in bekannter Weise:

$$A = \frac{1}{6}\, \varepsilon_{ijk} \,(A_{i1} A_{j2} A_{k3} + A_{j1} A_{k2} A_{i3} + A_{k1} A_{i2} A_{j3} -$$

$$- A_{i1} A_{k2} A_{j3} - A_{k1} A_{j2} A_{i3} - A_{j1} A_{i2} A_{k3}).$$

Durch geeignete Indizesvertauschungen im zweiten bis sechsten Glied folgt weiter

$$A = \frac{1}{6}\,(\varepsilon_{ijk} + \varepsilon_{jki} + \varepsilon_{kij} - \varepsilon_{ikj} - \varepsilon_{kji} - \varepsilon_{jik})\, A_{i1} A_{j2} A_{k3}.$$

Wegen (11, 09) ergibt sich daraus sofort (13, 03).

Für das Produkt zweier $\varepsilon$-Tensoren gilt (11, 14). Daraus folgt eine weitere Darstellung von $A$:

$$A = \frac{1}{6} \begin{vmatrix} A_{ii} & A_{ij} & A_{ik} \\ A_{ji} & A_{jj} & A_{jk} \\ A_{ki} & A_{kj} & A_{kk} \end{vmatrix}. \qquad (13, 05)$$

Ein Tensor heißt *symmetrisch*, wenn $A_{ij} = A_{ji}$ ist und *alternierend* oder *schiefsymmetrisch*, wenn $A_{ij} = - A_{ji}$ ist. Unter symmetrisch ist dabei die Symmetrie bezüglich der von links oben nach rechts unten verlaufenden Diagonale, der *Hauptdiagonale*, verstanden. Ein Beispiel eines symmetrischen Tensors ist dann

$$S_{ij} = \begin{pmatrix} a & b & c \\ b & d & e \\ c & e & f \end{pmatrix},$$

während

$$T_{ij} = \begin{pmatrix} 0 & b & c \\ -b & 0 & e \\ -c & -e & 0 \end{pmatrix}$$

einen alternierenden Tensor darstellt. Bei jedem alternierenden Tensor verschwinden die Koordinaten in der Hauptdiagonale.

Es gilt nun der wichtige Satz, daß sich jeder beliebige Tensor $A_{ij}$ als Summe je eines symmetrischen und eines alternierenden Tensors darstellen läßt, und zwar ist

$$A_{ij} = \frac{1}{2}\,(A_{ij} + A_{ji}) + \frac{1}{2}\,(A_{ij} - A_{ji}) = \overset{(s)}{A}_{ij} + \overset{(a)}{A}_{ij}. \qquad (13, 06)$$

Ist $A_{ij}$ selbst symmetrisch, so ist

$$\overset{(a)}{A}_{ij} = \frac{1}{2}(A_{ij} - A_{ji}) = 0,$$

ist $A_{ij}$ selbst alternierend, so ist

$$\overset{(s)}{A}_{ij} = \frac{1}{2}(A_{ij} + A_{ji}) = 0.$$

Mit Hilfe des $\varepsilon$-Tensors läßt sich jedem Tensor $A_{ij}$ ein Vektor $A_i$ zuordnen, den wir den *Vektor des Tensors* $A_{ij}$ nennen, und zwar ist

$$\boxed{A_k = \frac{1}{2}\varepsilon_{ijk} A_{ij},} \tag{13, 07}$$

es ist also $A_k = 0$, wenn $A_{ij}$ symmetrisch ist. Bilden wir

$$\varepsilon_{hlk} A_k = \frac{1}{2}\varepsilon_{hlk}\varepsilon_{ijk} A_{ij} = \frac{1}{2}(\delta_{ih}\delta_{jl} - \delta_{il}\delta_{jh}) A_{ij} =$$

$$= \frac{1}{2}(A_{hl} - A_{lh}) = \overset{(a)}{A}_{hl},$$

so folgt

$$\overset{(a)}{A}_{ij} = \varepsilon_{ijk} A_k \tag{13, 08}$$

und

$$\overset{(s)}{A}_{ij} = A_{ij} - \varepsilon_{ijk} A_k. \tag{13, 09}$$

Die Formel (13, 08) ist recht wichtig. Sie zeigt, daß ein *alternierender Tensor auch umgekehrt durch seinen Vektor bestimmt ist*; ein alternierender Tensor hat ja auch — so wie ein Vektor — nur noch drei unabhängige Koordinaten. Diese Tatsache hat aber — ähnlich wie die Bildung des äußeren Produktes — zu Irrtümern Anlaß gegeben. Schreibt man an Stelle von (13, 08)

$$\overset{(a)}{A}_{ij} = \begin{pmatrix} 0 & A_3 & -A_2 \\ -A_3 & 0 & A_1 \\ A_2 & -A_1 & 0 \end{pmatrix},$$

so ist das in einem positiv orientierten Koordinatensystem wohl *numerisch* richtig, ohne aber eine tensorielle Beziehung zu sein. Man braucht auch nur die Transformationsgesetze (10, 05) und (10, 11) von Vektoren und Tensoren — das erstere ist in den Koeffizienten $a_{ij}$ der Transformation linear, das andere quadratisch! — zu vergleichen, um einzusehen, daß Gleichungen, in denen die Koordinaten von Vektoren und Tensoren gleichgesetzt werden, niemals allgemeinen tensoriellen Charakter haben, sondern eben nur in speziellen Koordinatensystemen gelten können. (13, 09) läßt auch erkennen, daß jeder Tensor, dessen Vektor verschwindet, symmetrisch ist.

Wir knüpfen nun wieder an die durch den Tensor $A_{ij}$ vermittelte Zuordnung von Vektoren, d. h. an die homogene lineare Vektorfunktion

$$U_i = A_{ij} X_j \tag{13, 10}$$

an, die jedem beliebigen Vektor $X_i$ einen eindeutig bestimmten Vektor $U_i$ zuordnet. Wir fassen (13, 10) als Transformation oder Abbildung zweier Vektorräume auf[1], deren erster von den $X_i$ bestrichen wird und dreidimensional ist, d. h., daß man für $X_i$ jeden beliebigen Vektor des Raumes nehmen kann. Der zweite Vektorraum wird von den $U_i$ bestrichen und als transformierter Vektorraum bezeichnet. Über seine Dimension läßt sich von vornherein nichts aussagen; wir werden aber bald zeigen, daß sie eine wichtige Invariante des Tensors $A_{ij}$ ist.

Wir wollen zunächst versuchen, mit Hilfe von (13, 10) eine geometrische Deutung der Tensorkoordinaten $A_{ij}$ zu finden. Wir haben schon darauf hingewiesen, daß es bei Tensoren keine so einfache geometrische Deutung gibt wie bei den Vektoren, die sich als orientierte Strecken und deren Koordinaten sich als die Längen der Projektionen dieser Strecke auf die Achsen deuten lassen. Den Tensor selbst können wir uns nur durch die Zuordnung (13, 10) veranschaulichen, aber für seine Koordinaten läßt sich noch eine einfache Deutung angeben, wenn wir für $X_i$ in (13, 10) der Reihe nach die Maßvektoren

$$\overset{\alpha}{e}_i = \delta_{\alpha i}$$

[1] Jede Gesamtheit von Vektoren kann man als Vektorraum bezeichnen, wie man jede Gesamtheit von Punkten als Punktraum bezeichnet, nur daß man in dem letzten Fall den Zusatz „Punkt" in der Regel wegläßt. Das aufbauende Grundelement ist eben einmal der Punkt, einmal der Vektor. Die Gesamtheit aller Vektoren des Raumes ist ein dreidimensionaler Vektorraum, die Gesamtheit aller Vektoren, die einer bestimmten Ebenenstellung angehören, ist ein zweidimensionaler Vektorraum usw. Man hält dabei in der Regel an der Anschauung fest, daß alle Vektoren eines Vektorraumes von einem — willkürlich wählbaren — Punkt ausgehen.

des Koordinatensystems einsetzen, die ein normiertes, den Richtungen nach mit den Koordinatenachsen paralleles Dreibein bilden. Aus (13, 10) folgt

$$\overset{\alpha}{U}_i = A_{ij} \overset{\alpha}{e}_j = A_{ij} \delta_{\alpha j} = A_{i\alpha}, \tag{13, 11}$$

d. h., die Koordinaten der Vektoren $\overset{\alpha}{U}_i$, die den Maßvektoren $\overset{\alpha}{e}_i$ des Koordinatensystems vermöge (13, 10) zugeordnet sind, stimmen zahlenmäßig mit den Spalten des Schemas (13, 01) überein[1].

Wir können auf diese Weise versuchen, uns ein Bild von der Wirkung des Tensors $A_{ij}$ auf den Vektorraum $X_i$ zu machen, indem wir die drei Vektoren betrachten, die aus den drei Maßvektoren $\overset{1}{e}_i$, $\overset{2}{e}_i$, $\overset{3}{e}_i$ entstehen. Ist z. B. $A_{ij} = \delta_{ij}$, so bleiben die Maßvektoren erhalten. Ist z. B. $A_{ij} = a\,\delta_{ij}$, so bleiben die Richtungen erhalten, aber die Beträge ändern sich mit dem Faktor $a$ usw.

Aus der Deutung (13, 11) können wir eine wichtige Folgerung ziehen. Zunächst aber setzen wir fest, daß wir unter dem Rang $r$ des Tensors $A_{ij}$ den Rang der Matrix (13, 01) verstehen wollen. Dabei ist $r$ gleich der Ordnung der Determinante $A$ oder der Unterdeterminante höchster Ordnung von $A$, die nicht verschwindet. Es ist also $r = 3$, wenn $A \neq 0$ ist, und dann nennen wir den Tensor $A_{ij}$ *regulär*. Ist $A = 0$, so kann $r = 2$, 1 oder 0, sein; in allen diesen Fällen heißt $A_{ij}$ *singulär*, und zwar bzw. einfach, zweifach oder dreifach. Es ist $r = 2$, wenn zwar $A = 0$, aber mindestens eine zweireihige (durch Streichen je einer Zeile und Spalte von $A$ entstehende) Unterdeterminante von Null verschieden ist; es ist $r = 1$, wenn alle zweireihigen Unterdeterminanten von $A$ verschwinden, aber mindestens eine Koordinate $A_{ij}$ von Null verschieden ist, während aus $r = 0$ auch $A_{ij} = 0$ (Nulltensor!) folgt. Es sei nun $r = 2$. Dann ist $A = 0$ und nach

---

[1] Man beachte, daß die Maßvektoren $\overset{\alpha}{e}_i$ keine Vektoren im strengen Sinne sind und daher auch nicht die entsprechenden Vektoren $\overset{\alpha}{U}_i$ in (13, 11). Die Behauptung, daß die neun Koordinaten eines Tensors in irgendeiner Zusammenfassung die Koordinaten von drei Vektoren sind, ist in dieser allgemeinen Form schlechthin falsch!

(4, 07) sind die drei „Vektoren" $A_{i1}$, $A_{i2}$, $A_{i3}$ komplanar. Da nun jeder beliebige Vektor $X_j$ in der Form

$$X_j = X_\alpha \overset{\alpha}{e}_j = X_\alpha \delta_{\alpha j} \tag{13, 12}$$

darstellbar ist, gilt für den zugeordneten Vektor

$$U_i = A_{ij} X_j = A_{ij} X_\alpha \delta_{\alpha j} = A_{i\alpha} X_\alpha = X_\alpha \overset{\alpha}{U}_i, \tag{13, 13}$$

d. h. aber, daß $U_i$ linear abhängig ist von drei komplanaren Vektoren $\overset{\alpha}{U}_i = A_{i\alpha}$ und somit derselben Ebenenstellung angehört. Der transformierte Vektorraum ist also zweidimensional. Ist $r = 1$, so sind die Spalten (ebenso natürlich auch die Zeilen) der Matrix $A_{ij}$ proportional, d. h. aber, die drei Vektoren $A_{i1}$, $A_{i2}$, $A_{i3}$ sind kollinear. Aus (13, 13) folgt, daß auch der dem beliebigen Vektor $X_j$ zugeordnete Vektor $U_j$ kollinear mit $A_{i\alpha}$ ist, d. h., der transformierte Vektorraum ist eindimensional. Ist schließlich $r = 0$, so ist $A_{ij} = 0$ und damit auch $U_i = 0$. Der zugeordnete Vektorraum besteht also aus dem Nullvektor allein, und wenn wir diesen Vektorraum als nulldimensional bezeichnen, so gilt allgemein: *Hat der Tensor $A_{ij}$ den Rang $r$, so ist der transformierte Vektorraum $r$-dimensional.*

Typische Fälle von singulären Tensoren sind die Projektionstensoren nach § 8. Der Projektionstensor auf eine Ebene mit der Stellung $e_i$ ist

$$A_{ij} = \delta_{ij} - e_i e_j.$$

Es verschwindet det $A_{ij}$, während die zweizeiligen Unterdeterminanten von Null verschieden sind. Der Tensor hat den Rang 2. Er transformiert den dreidimensionalen Vektorraum in eine Ebene. Der Projektionstensor auf eine Richtung $e_i$ hat die Form $A_{ij} = e_i e_j$. Er ist vom Rang 1 und transformiert den Raum in eine Gerade. Jedes allgemeine Produkt $A_i B_j$ zweier Vektoren ist ein singulärer Tensor vom Rang 1.

Daß der Rang eines Tensors (einer Matrix) eine Invariante gegenüber Koordinatentransformationen ist, wird in der Algebra ganz allgemein gezeigt; für uns folgt es aus den tensoriellen Darstellungen (13, 04) der Determinante $A$ und aus der Formel

$$\boxed{B_{ip} = \frac{1}{2} \varepsilon_{ijk} \varepsilon_{pqr} A_{jq} A_{kr}.} \tag{13, 14}$$

Die Koordinaten des hier definierten Tensors $B_{ip}$, der manchmal als *Kotensor* von $A_{ij}$ bezeichnet wird, sind nichts anderes als die algebraischen Komplemente, d. h. die mit $(-1)^{i+p}$ multiplizierten, durch Streichung der $i$-ten Zeile und $p$-ten Spalte von (13, 01) entstehenden zweireihigen Unterdeterminanten von (13, 01). Ist. z. B. $i = 1$, $p = 2$, so kommen für $j$, $k$ nur die Werte 2, 3 und für $q$, $r$ nur 3, 1 in Betracht, da alle anderen Koordinaten des $\varepsilon$-Tensors verschwinden; es wird also

$$B_{12} = \frac{1}{2}(A_{23} A_{31} - A_{21} A_{33} - A_{33} A_{21} + A_{31} A_{23})$$
$$= - \begin{vmatrix} A_{21} & A_{23} \\ A_{31} & A_{33} \end{vmatrix}.$$

Der Begriff des Nulltensors ist, wie wir schon gezeigt haben, vom Koordinatensystem unabhängig, d. h., wenn ein Tensor (ein Vektor, eine Invariante) in einem System verschwindet, so verschwindet er wegen der Homogenität des Transformationsgesetzes in allen Koordinatensystemen. Nun ist aber der Rang eines Tensors durch das Verschwinden von Tensoren charakterisiert und daher selbst invariant. Wir stellen zur Übersicht die vier Fälle in einer Tabelle zusammen:

| | | |
|---|---|---|
| Rang 3, | regulär: | $A \neq 0$, |
| „ 2, | einfach singulär: | $A = 0$, mindestens ein $B_{ij} \neq 0$, |
| „ 1, | doppelt „ | : alle $B_{ij} = 0$, mindestens ein $A_{ij} \neq 0$, |
| „ 0, | dreifach „ | : alle $A_{ij} = 0$. |

Die durch (13, 10) vermittelte Zuordnung der Vektoren $U_i$ zu den Vektoren $X_i$ ist jedenfalls eine eindeutige und stetige. Ist $A_{ij}$ singulär und der transformierte Vektorraum von geringerer Dimension als der ursprüngliche, so kann die Zuordnung der Vektoren jedenfalls nicht mehr umkehrbar eindeutig sein, d. h., es wird sicher mindestens ein Paar verschiedener Vektoren $X_i$ und $Y_i$ geben, denen *derselbe* Vektor $U_i$ zugeordnet ist, so daß dem Vektor $U_i$ dann umgekehrt beide Vektoren $X_i$ und $Y_i$ entsprechen. Es ist dann

$$A_{ij} X_j = A_{ij} Y_j$$

oder, wenn wir $Y_j - X_j = \overset{0}{X}_j$ setzen,

$$A_{ij} \overset{0}{X}_j = 0. \tag{13, 15}$$

Es gibt also eine Richtung $\overset{0}{X}_j$, der im zugeordneten Vektorraum der Nullvektor entspricht. (13, 15) ist ein System von homogenen linearen Gleichungen, die dann und nur dann eine nicht triviale (von der Nullösung verschiedene) Lösung haben, wenn $A = 0$ ist. Ist $r = 2$, so ist die Richtung $\overset{0}{X}_j$ (d. h. der Vektor bis auf seine Länge) eindeutig bestimmt und heißt *Nullrichtung* des einfach singulären Tensors $A_{ij}$. Ist $r = 1$, so hat (13, 15) zwei linear unabhängige Lösungen, d. h. alle Vektoren, die zu einer bestimmten Stellung parallel sind, sind Lösungen von (13, 15). Diese Stellung heißt *Nullstellung* des doppelt singulären Tensors $A_{ij}$.

Bemerkt sei, daß (13, 15) für einen alternierenden Tensor die Lösung

$$\overset{0}{X}_j = A_j$$

hat, wobei $A_j$ der durch (13, 07) definierte Vektor des Tensors $A_{ij}$ ist. Zum Beweis hat man nur (13, 08) mit $A_j$ zu überschieben.

Die in (12, 13) und besonders in (12, 16) gegebene Darstellung der Tensoren zweiter Stufe in reziproken Dreibeinen läßt sich für singuläre Tensoren in eine spezielle Form bringen, an der die besonderen Eigenschaften dieser Tensoren besonders deutlich werden. Ist nämlich $A_{ij}$ einfach singulär, so können wir z. B. $\overset{3}{u}_i$ in die Nullrichtung legen; dann ist

$$A_{ij}\,\overset{3}{u}_j = 0,$$

aus (12, 14) folgt weiter

$$\underset{p\,3}{A} = A_{ij}\,\overset{p}{v}_i\,\overset{3}{u}_j = 0$$

und daher aus (12, 15)

$$\overset{3}{w}_i = \underset{p\,3}{A}\,\overset{p}{u}_i = 0.$$

An Stelle von (12, 16) erhalten wir die Darstellung

$$A_{ij} = \overset{1}{w}_i\,\overset{1}{v}_j + \overset{2}{w}_i\,\overset{2}{v}_j, \tag{13, 16}$$

d. h., ein einfach singulärer Tensor ist eine Summe von nur mehr zwei (allgemeinen) Vektorprodukten, alle Vektoren

$$V_i = A_{ij}\,X_j = \overset{1}{w}_i\,\overset{1}{v}_j\,X_j + \overset{2}{w}_i\,\overset{2}{v}_j\,X_j$$

liegen in der durch $\overset{1}{w}_i$ und $\overset{2}{w}_i$ bestimmten Ebenenstellung. Ist $A_{ij}$

doppelt singulär, so können wir $\overset{2}{u}_i$ und $\overset{3}{u}_i$ in die Nullstellung legen und erhalten dann wie oben nicht nur $\overset{3}{w}_i = 0$, sondern auch $\overset{2}{w}_i = 0$, so daß

$$A_{ij} = \overset{1}{w}_i \overset{1}{v}_j \tag{13, 17}$$

wird, d. h., ein doppelt singulärer Tensor zweiter Stufe ist stets ein Produkt von zwei Vektoren; alle Vektoren

$$V_i = A_{ij} X_j = \overset{1}{w}_i \overset{1}{v}_j X_j$$

haben die Richtung $\overset{1}{w}_i$. Selbstverständlich gilt auch die Umkehrung: Jeder Tensor der Form $a_i b_j + c_i d_j$ ist einfach, jeder Tensor der Form $a_i b_j$ doppelt singulär.

Legt man bei singulären Tensoren die Vektoren $\overset{3}{u}_i$ bzw. $\overset{2}{u}_i$ nicht in die Nullrichtung oder Nullstellung, so erhält man auch hier zunächst die dreigliedrige Summe (12, 16). Aber die Vektoren $\overset{\alpha}{w}_i$ sind dann linear abhängig und (12, 16) reduziert sich auf zwei oder einen Summanden.

Jeder alternierende Tensor $A_{ij}$ ist singulär, und zwar einfach; daß die Determinante $A$ verschwindet, folgt ohne weiteres aus $A_{ij} = -A_{ji}$, dagegen findet man aus (13, 14) und (13, 08) leicht

$$B_{ip} = A_i A_p;$$

es ist also sicher mindestens eine Koordinate $B_{ip} \neq 0$, da sonst $A_i = 0$ und damit auch $A_{ij} = 0$ wäre.

Ist der Tensor $A_{ij}$ regulär, also $A \neq 0$, so lassen sich die Gleichungen (13, 10) eindeutig nach den $X_j$ auflösen:

$$X_j = A_{ji}^{(-1)} U_i. \tag{13, 18}$$

Die $A_{ij}^{(-1)}$ sind wieder ein Tensor, der *invers oder reziprok* zu $A_{ij}$ heißt. Die Schreibweise hat rein formale Gründe, die uns bald klar werden. Setzt man (13, 18) in (13, 10) ein, so folgt

$$U_i = A_{ij} A_{jk}^{(-1)} U_k,$$

es muß also

$$\boxed{A_{ij}^{(-1)} A_{jk} = \delta_{ik}} \tag{13, 19}$$

sein. Entsprechend folgt aber auch durch Elimination der $U_i$ aus (13, 10) und (13, 18)

$$X_j = A_{ji}^{(-1)} A_{ik} X_k,$$

also

$$\boxed{A_{ij} A_{jk}^{(-1)} = \delta_{ik}.} \tag{13, 20}$$

(13, 19) und (13, 20) sind den entsprechenden Gleichungen (12, 09) und (12, 10) für reziproke Dreibeine völlig analog.

Zwischen dem durch (13, 14) definierten Tensor $B_{ij}$ (der algebraischen Komplemente der $A_{ij}$) und dem inversen Tensor $A_{ij}^{(-1)}$ besteht ein wichtiger Zusammenhang. Wir knüpfen an die Formel (12, 08), in der wir $p$ durch $h$ und $q$ durch $l$ ersetzen, an:

$$\delta_{hl}\, \varepsilon_{ijk} = \delta_{hi}\, \varepsilon_{ljk} + \delta_{hj}\, \varepsilon_{ilk} + \delta_{hk}\, \varepsilon_{ijl}. \tag{13, 21}$$

Überschieben wir mit $\varepsilon_{pqr} A_{ip} A_{jq} A_{kr}$, so folgt

$$\delta_{hl} \cdot 6\, A = \varepsilon_{ljk}\, \varepsilon_{pqr} A_{hp} A_{jq} A_{kr} + \varepsilon_{ilk}\, \varepsilon_{pqr} A_{ip} A_{hq} A_{kr} + \\ + \varepsilon_{ijl}\, \varepsilon_{pqr} A_{ip} A_{jq} A_{hr} \tag{13, 22}$$

oder wegen (13, 14)

$$6\, \delta_{hl} A = 2\, B_{lp} A_{hp} + 2\, B_{lq} A_{hq} + 2\, B_{lr} A_{hr} = 6\, B_{lp} A_{hp}$$

oder

$$A_{jp} B_{hp} = \delta_{jh} A. \tag{13, 23}$$

Ganz analog gilt natürlich auch

$$A_{ij} B_{ih} = \delta_{jh} A. \tag{13, 24}$$

Der Vergleich mit (13, 19) und (13, 20) zeigt, daß für $A \neq 0$

$$\boxed{A_{pi}^{(-1)} = \frac{1}{A} B_{ip}} \tag{13, 25}$$

sein muß. Man kann ja z. B. (13, 19) als System linearer Gleichungen für die Unbekannten $A_{jk}^{(-1)}$ ansehen, deren Lösungen wegen $A \neq 0$ eindeutig bestimmt sind; (13, 23) zeigt, daß $\frac{1}{A} B_{ij}$ Lösungen von (13, 19) sind. Man beachte die Stellung der Indizes in (13, 25)!

Wir stellen einige weitere Eigenschaften der Transformation (13, 10) fest.

1. Die Länge eines Vektors bleibt im allgemeinen nicht erhalten. Es ist nämlich

$$U^2 = U_i U_i = A_{ij} A_{ik} X_j X_k,$$

und das ist nur dann gleich

$$X^2 = X_i X_i = \delta_{jk} X_j X_k,$$

wenn die $A_{ij}$ den Relationen (9, 01) genügen, die Transformation also eine Drehung (homogene orthogonale Transformation) ist.

2. Ändert man die Länge des Vektors $X_i$ auf das $\lambda$-fache, so ändert sich die Länge des transformierten Vektors $U_i$ ebenfalls auf das $\lambda$-fache:

$$A_{ij} (\lambda X_j) = A_{ij} \lambda X_j = \lambda U_i.$$

Insbesondere gilt: Der Nullvektor entspricht sich selbst.

3. Gilt neben (13, 10) auch

$$V_i = A_{ij} Y_j, \qquad (13, 26)$$

so kann man ähnlich wie unter 1 zeigen, daß auch das innere Produkt zweier Vektoren nur dann ungeändert bleibt, wenn die Transformation orthogonal ist. Es wird sich also im allgemeinen auch der Winkel zweier Vektoren ändern. Dagegen gilt der wichtige Satz, daß *parallele Vektoren wieder in parallele Vektoren transformiert werden*. Ist nämlich

$$Y_i = \lambda X_i,$$

so folgt

$$V_i = A_{ij} Y_j = A_{ij} (\lambda X_j) = A_{ij} \lambda X_j = \lambda U_i,$$

d. h. es ist auch $V_i$ parallel zu $U_i$. Transformationen, die parallele Richtungen in parallele Richtungen überführen, nennt man *affine Transformationen*. Aus diesem Grund bezeichnet man mitunter den allgemeinen Tensor auch als *Affinor* und reserviert den Namen Tensor für den symmetrischen Affinor (zweiter Stufe).

Die sämtlichen Transformationen (13, 10) mit $A \neq 0$ bilden eine Gruppe, wie man an Hand der in § 9 aufgestellten Forderungen leicht kontrolliert. Sie ist neungliedrig, weil die allgemeine Transformation der Gruppe von den neun Parametern $A_{ij}$ abhängt, und wird als *affine Gruppe* bezeichnet. Die geometrische Deutung ist aber hier eine andere als bei den früher betrachteten Koordinatentransformationen, da wir die Transformation (13, 10) hier als eine Abbildung zweier Vektorräume bei festgehaltenem Koordinatensystem deuten. Wir könnten aber genau so gut auch die orthogonale Transformation (Drehung)

$$U_i = A_{ij} X_j$$

mit

$$A_{ij} A_{ik} = \delta_{jk}$$

als Spezialfall der affinen Transformation, d. h. als Abbildung zweier Vektorräume deuten, bei der dann die zugeordneten Vektoren aus den ursprünglichen durch eine ganz bestimmte Drehung bei festgehaltenem Koordinatensystem hervorgehen und $A_{ij}$ mit dem Drehtensor (11, 31) übereinstimmt.

Wir können aber auch etwas allgemeiner Transformationen der Form

$$u_i = A_{ij} x_j + B_i \tag{13, 27}$$

betrachten, wobei $A = \det A_{ij} \neq 0$ und die $x_i$ und $u_i$ Punktkoordinaten sind, und zwar sind $x_i$ und $u_i$ entweder Koordinaten zweier verschiedener Punkte in bezug auf ein und dasselbe feste Koordinatensystem oder aber $x_i$ und $u_i$ sind Koordinaten desselben Punktes, bezogen auf verschiedene Koordinatensysteme. Im ersten Fall spricht man von einer Punkttransformation, im zweiten von einer Koordinatentransformation[1]. Im ersten Fall sind die $A_{ij}$ ein Tensor, im zweiten nicht. Die zugehörige Vektortransformation (13, 10) ergibt sich aus (13, 27), wenn man die Vektoren als orientierte Strecken im Raum deutet, d. h. durch Anfangs- und Endpunkt darstellt

$$x_i = \overset{2}{x}_i - \overset{1}{x}_i, \quad u_i = \overset{2}{u}_i - \overset{1}{u}_i.$$

Dann wird wegen (13, 27)

$$u_i = \overset{2}{u}_i - \overset{1}{u}_i = \left(A_{ij} \overset{2}{x}_j + B_i\right) - \left(A_{ij} \overset{1}{x}_j + B_i\right)$$
$$= A_{ij} \left(\overset{2}{x}_j - \overset{1}{x}_j\right) = A_{ij} x_j.$$

Transformieren sich also Punkte gemäß (13, 27), so transformieren sich Vektoren gemäß (13, 10). Für den Fall der orthogonalen Transformationen haben wir das schon im § 10 gezeigt.

[1] Dabei wird natürlich das System $u_i$ im allgemeinen, wenn die $A_{ij}$ nicht den Orthogonalitätsbedingungen genügen, ein schiefwinkeliges Koordinatensystem sein.

Wir haben (13, 10) als Transformation oder Abbildung zweier Vektorräume gedeutet. Wir können eine Transformation mehrmals ausführen, indem wir den aus $X_j$ durch (13, 10) gewonnenen Vektor $U_i$ neuerlich zum ursprünglichen Vektorraum zählen und auf ihn die Transformation (13, 10) noch einmal anwenden. Es entspricht ihm dann der Vektor

$$V_i = A_{ij} U_j = A_{ij} A_{jk} X_k.$$

Setzen wir die Abkürzung

$$\boxed{A_{ij} A_{jk} = A_{ik}^{(2)},} \qquad (13, 28)$$

so folgt

$$V_i = A_{ij}^{(2)} X_j.$$

Wir nennen $A_{ij}^{(2)}$ das Quadrat des Tensors $A_{ij}$, aber es ist natürlich im allgemeinen $A_{ij}^{(2)} \neq A_{ij}^2$, d. h. entsprechende (gleiche Indizes tragende) Koordinaten von $A_{ij}$ und $A_{ij}^{(2)}$ hängen nicht durch Quadrierung, sondern durch die Überschiebung (13, 28) miteinander zusammen. Man kann nun so fortfahren, dann ist

$$A_{ij} A_{jk} A_{kh} = A_{ij} A_{jh}^{(2)} = A_{ik}^{(2)} A_{kh} = A_{ih}^{(3)} \qquad (13, 29)$$

die dritte Potenz von $A_{ij}$. Dieses Potenzieren von Tensoren ist ein Sonderfall des in der Algebra betrachteten Potenzierens von Matrizen. Durch den inversen Tensor $A_{ik}^{(-1)}$ sind auch negative Potenzen eingeführt; die nullte Potenz ist erklärt durch

$$\boxed{A_{ij}^{(0)} = \delta_{ij}.}$$

Die Potenzen von Tensoren genügen analogen Rechenregeln wie die Potenzen gewöhnlicher Zahlen; so ist

$$A_{ij}^{(p)} A_{jk}^{(q)} = A_{ik}^{(p+q)} \qquad (13, 30)$$

und

$$\left(A_{ij}^{(p)}\right)^{(q)} = A_{ij}^{(p \cdot q)} \qquad (13, 31)$$

für beliebige ganze (positive oder negative) Exponenten $p$, $q$. Wir werden später zeigen können, daß zwischen je vier aufeinanderfolgenden Potenzen eines Tensors eine identische Relation besteht, die sogenannte Hamilton-Cayleysche Gleichung (13, 49).

Zuvor müssen wir aber noch eine andere Frage beantworten, die bei der Untersuchung der Transformation (13, 10) recht naheliegend erscheint. Es ist die Frage, wann die beiden durch (13, 10) einander zugeordneten Vektoren $X_i$ und $U_i$ dieselbe Richtung haben, d. h. für welche Vektoren $X_i$

$$U_i = \lambda X_i \tag{13, 32}$$

ist. Es folgt

$$A_{ij} X_j - \lambda X_i = 0$$

oder

$$\boxed{(A_{ij} - \lambda \delta_{ij}) X_j = 0.} \tag{13, 33}$$

Das ist ein System von homogenen linearen Gleichungen für die unbekannten Koordinaten $X_j$, und die schon oft zitierte Bedingung für die Existenz einer nicht trivialen Lösung ist

$$\boxed{\det (A_{ij} - \lambda \delta_{ij}) = \begin{vmatrix} A_{11} - \lambda & A_{12} & A_{13} \\ A_{21} & A_{22} - \lambda & A_{23} \\ A_{31} & A_{32} & A_{33} - \lambda \end{vmatrix} = 0.} \tag{13, 34}$$

Diese kubische Gleichung heißt *charakteristische Gleichung* des Tensors $A_{ij}$ und ihre Wurzeln $\underset{\alpha}{\lambda}$ $(\alpha = 1, 2, 3)$ *charakteristische Zahlen (Hauptwerte)* von $A_{ij}$. Sie sind nicht die Koordinaten eines Vektors, sondern, wie aus (13, 32) folgt, Skalare (Invarianten). Die reziproken Werte

$$\underset{\alpha}{\mu} = \frac{1}{\underset{\alpha}{\lambda}} \quad (\alpha = 1, 2, 3) \tag{13, 35}$$

der charakteristischen Zahlen heißen *Eigenwerte*[1] von $A_{ij}$. Setzt man in (13, 33) für $\lambda$ der Reihe nach die charakteristischen Zahlen $\underset{1}{\lambda}$, $\underset{2}{\lambda}$ und $\underset{3}{\lambda}$ ein, so ergibt sich jedesmal ein System von linearen homogenen Gleichungen, deren Determinante verschwindet und die also von der trivialen verschiedene Lösungen $X_j$ haben, die wir *Eigenvektoren* von $A_{ij}$ nennen und der Richtung nach sich selbst entsprechen. Dabei sind die Eigenvektoren nur der Richtung, aber nicht der Länge und Orientierung nach bestimmt, so daß man oft auch nur von *Eigenrichtungen* spricht.

[1] In der Physik werden bedauerlicherweise oft die charakteristischen Zahlen als Eigenwerte bezeichnet, da dieser Ausdruck handlicher erscheint. Deshalb schlagen wir die Bezeichnung *Hauptwerte* für die charakteristischen Zahlen vor.

Die Eigenrichtungen und die charakteristischen Zahlen, für die wir auch die Bezeichnung *Hauptwerte* verwenden, erlauben nun eine gewisse Veranschaulichung von Tensoren zweiter Stufe. Man denkt sich dazu in den Eigenrichtungen die Hauptwerte aufgetragen und weiß dann nach (13, 32), daß Einsvektoren in den Eigenrichtungen durch die Transformation die Richtungen beibehalten, aber ihre Längen in die Hauptwerte verändern. Die Eigenrichtungen vermitteln uns dann ein Bild der Lage eines Tensors im Raum, während uns die Hauptwerte eine Vorstellung von der Größe des Tensors geben. Die Wirkung der Transformation auf einen beliebigen Vektor kann dann dadurch verfolgt werden, daß man den Vektor in Komponenten nach den Eigenrichtungen des Tensors zerlegt. Jede dieser Komponenten behält bei der Transformation die Richtung, ändert aber ihre Länge durch Multiplikation mit dem zugehörigen Hauptwert. Dieses Bild eines Tensors kann bei den Anwendungen oft von Vorteil sein.

Auf eine eingehendere Diskussion der charakteristischen Gleichung (13, 34) müssen wir hier verzichten, wir werden aber in § 14 für den Fall symmetrischer Tensoren nochmals darauf zurückkommen. Wir stellen nur einige einfache Tatsachen fest:

Ist $A \neq 0$, so sind alle $\underset{\alpha}{\lambda} \neq 0$.

Hat (13, 34) eine Doppel- (dreifache) Wurzel, so gibt es im allgemeinen, abgesehen von Ausnahmefällen, nur zwei (eine) Eigenrichtungen.

Beispiele:

1.

$$A_{ij} = \begin{pmatrix} 1 & 1 & 0 \\ 0 & 1 & 1 \\ 0 & 0 & 1 \end{pmatrix}.$$

Die charakteristische Gleichung ist

$$\begin{vmatrix} 1-\lambda & 1 & 0 \\ 0 & 1-\lambda & 1 \\ 0 & 0 & 1-\lambda \end{vmatrix} = (1-\lambda)^3 = 0,$$

hat also die dreifache Wurzel 1. Für sie werden die Gleichungen (13, 33)

$$X_2 = 0,$$

$$X_3 = 0,$$

deren allgemeinste Lösung die Form $(a, 0, 0)$ mit beliebigem $a$ hat. Alle diese Lösungen, die sich für verschiedene Werte von $a$ ergeben, sind aber kollinear, d. h. von einer von ihnen, z. B. von (1, 0, 0), linear abhängig. Es gibt also nur eine einzige Eigenrichtung.

2.

$$A_{ij} = \begin{pmatrix} 1 & 0 & 0 \\ 0 & 1 & 1 \\ 0 & 0 & 1 \end{pmatrix}.$$

Die charakteristische Gleichung ist wieder $(1 - \lambda)^3 = 0$ mit der dreifachen Wurzel 1. (13, 33) wird zu $X_3 = 0$ allein, so daß wir zwei linear unabhängige Eigenvektoren angeben können, nämlich z. B. (1, 0, 0) und (0, 1, 0). Jeder andere Eigenvektor hat dann die Form $a\,(1, 0, 0) + b\,(0, 1, 0) = (a, b, 0)$.

3. $A_{ij} = \delta_{ij}$. Aus (13, 34) wird wieder $(1 - \lambda)^3 = 0$, aber (13, 33) ist identisch erfüllt (es verschwinden alle Koeffizienten) und jeder beliebige Vektor ist Eigenvektor; man kann drei linear unabhängige wählen, z. B. $\overset{\alpha}{X}_j = \delta_{\alpha j}$.

4. Wir modifizieren die drei Beispiele noch dadurch, daß wir $A_{33} = 2$ statt wie bisher $A_{33} = 1$ wählen. Dann erhalten wir in allen Fällen die charakteristische Gleichung $(1 - \lambda)^2 (2 - \lambda) = 0$, also $\underset{1}{\lambda} = \underset{2}{\lambda} = 1$, $\underset{3}{\lambda} = 2$. Im Falle 1, also für

$$A_{ij} = \begin{pmatrix} 1 & 1 & 0 \\ 0 & 1 & 1 \\ 0 & 0 & 2 \end{pmatrix},$$

ergibt sich aus (13, 33) für $\underset{1}{\lambda} = 1$

$$X_2 = 0, \quad X_3 = 0, \quad X_3 = 0,$$

also wieder der Eigenvektor $\overset{1}{X}_j = \overset{2}{X}_j = (1, 0, 0)$. Für $\underset{3}{\lambda} = 2$ folgt

$$-X_1 + X_2 = 0, \quad -X_2 + X_3 = 0,$$

also $\overset{3}{X}_j = (1, 1, 1)$.

Im Falle 2, also für

$$A_{ij} = \begin{pmatrix} 1 & 0 & 0 \\ 0 & 1 & 1 \\ 0 & 0 & 2 \end{pmatrix},$$

wird (13, 33) für $\underset{1}{\lambda} = \underset{2}{\lambda} = 1$

$$X_3 = 0,$$

es sind also wieder zwei linear unabhängige Eigenvektoren vorhanden, wie früher $\overset{1}{X}_j = (1, 0, 0)$, $\overset{2}{X}_j = (0, 1, 0)$, während für $\underset{3}{\lambda} = 2$

$$-X_1 = 0, \quad -X_2 + X_3 = 0,$$

also $\overset{3}{X}_j = (0, 1, 1)$ folgt.

Im Falle 3, also für

$$A_{ij} = \begin{pmatrix} 1 & 0 & 0 \\ 0 & 1 & 0 \\ 0 & 0 & 2 \end{pmatrix}$$

ergibt (13, 33) für $\underset{1}{\lambda} = \underset{2}{\lambda} = 1$

$$X_3 = 0,$$

also wieder z. B. $\overset{1}{X}_j = (1, 0, 0)$, $\overset{2}{X}_j = (0, 1, 0)$ und für $\underset{3}{\lambda} = 2$

$$-X_1 = 0, \quad -X_2 = 0,$$

also $\overset{3}{X}_j = (0, 0, 1)$. Aber nur $\overset{3}{X}_j$ ist (der Richtung nach) bestimmt, während wir z. B. auch $\overset{1}{X}_j = (1, -1, 0)$, $\overset{2}{X}_j = (1, 1, 0)$ hätten wählen können. Das Dreibein $X_j$ muß also nicht normiert sein, aber wir werden in § 14 zeigen, daß bei symmetrischen Tensoren stets ein reelles normiertes Dreibein aus Eigenvektoren gebildet werden kann.

Weitere einfach überblickbare Beispiele für besondere Fälle von Eigenrichtungen liefern uns der Drehvektor und die Projektionstensoren. Beim Drehtensor wird nur die Achsenrichtung erhalten, also kann es nur eine Eigenrichtung geben. Das gleiche gilt für den Projektionstensor auf eine Richtung. Beim Projektionstensor auf eine Ebene werden alle in der Ebene liegenden Richtungen bei der Transformation erhalten. Jeder in der Ebene liegende Vektor ist Eigenvektor.

Was wir bis jetzt über die Frage der Eigenvektoren aussagen konnten, hat sich aus den Eigenschaften des Tensors

$$\boxed{L_{ij} = A_{ij} - \lambda\,\delta_{ij}} \tag{13, 36}$$

ergeben. Der Parameter $\lambda$ ist dabei als Invariante anzusehen, da $L_{ij}$ sonst kein Tensor wäre. Die Frage nach den charakteristischen Zahlen $\lambda$, für die $L_{ij}$ singulär ist, führt auf die charakteristische Gleichung (13, 34), die wir jetzt entsprechend (13, 04) in invarianter Form

$$L = \frac{1}{6}\,\varepsilon_{ijk}\,\varepsilon_{pqr}\,L_{ip}\,L_{jq}\,L_{kr} = 0 \tag{13, 37}$$

oder

$$L = \frac{1}{6}\,\varepsilon_{ijk}\,\varepsilon_{pqr}\,(A_{ip} - \lambda\,\delta_{ip})\,(A_{jq} - \lambda\,\delta_{jq})\,(A_{kr} - \lambda\,\delta_{kr}) = 0 \tag{13, 38}$$

schreiben. Multiplizieren wir hier die Faktoren aus, so folgt die charakteristische Gleichung in der Form

$$\boxed{L = A - A'\,\lambda + A''\,\lambda^2 - \lambda^3 = 0.} \tag{13, 39}$$

Dabei ist

$$A'' = \frac{1}{2}\, \varepsilon_{ijk}\, \varepsilon_{pqr}\, \delta_{ip}\, \delta_{jq}\, A_{kr} = A_{ii}, \tag{13, 40}$$

$$A' = \frac{1}{2}\, \varepsilon_{ijk}\, \varepsilon_{pqr}\, \delta_{ip}\, A_{jq}\, A_{kr} = B_{ii}, \tag{13, 41}$$

$$A = \frac{1}{6}\, \varepsilon_{ijk}\, \varepsilon_{pqr}\, A_{ip}\, A_{jq}\, A_{kr}. \tag{13, 40}$$

Die Größen $A''$ und $A'$ sind ebenso wie $A$ dem Tensor $A_{ik}$ zugeordnete Skalare oder Invarianten; sie werden in der Regel als erster, zweiter und dritter (also nicht entsprechend der Zahl der Striche, sondern nach ihrem Grad in den Tensorkoordinaten $A_{ij}$) Skalar von $A_{ij}$ bezeichnet.

Nennt man $A_{ii}$ die *Spur* des Tensors, dann ist $B_{ii}$ die Spur des Kotensors, während der dritte Skalar die Determinante des Tensors ist.

Aus (13, 41) folgt

$$A' = \frac{1}{2}\, \varepsilon_{ijk}\, \varepsilon_{iqr}\, A_{jq}\, A_{kr} = \frac{1}{2}\, (\delta_{jq}\, \delta_{kr} - \delta_{jr}\, \delta_{kq})\, A_{jq}\, A_{kr}$$

oder

$$A' = \frac{1}{2}\, (A_{jj}\, A_{kk} - A_{jk}\, A_{kj}). \tag{13, 42}$$

Ausführlich geschrieben ist das

$$A' = \begin{vmatrix} A_{22} & A_{23} \\ A_{32} & A_{33} \end{vmatrix} + \begin{vmatrix} A_{33} & A_{31} \\ A_{13} & A_{11} \end{vmatrix} + \begin{vmatrix} A_{11} & A_{12} \\ A_{21} & A_{22} \end{vmatrix}. \tag{13, 43}$$

Bezeichnet man den ersten Skalar von $A_{ij}^{(p)}$ mit $(A^{(p)})''$, so läßt sich (13, 42) auch in der Form

$$A' = \frac{1}{2}\, [(A'')^2 - (A^{(2)})''] \tag{13, 44}$$

schreiben, während die Entwicklung von (13, 05) einen analogen Ausdruck für die Determinante (den dritten Skalar) $A$ von $A_{ij}$ liefert, nämlich

$$A = \frac{1}{6}\, [(A'')^3 - 3\, A''\, (A^{(2)})'' + 2\, (A^{(3)})''], \tag{13, 45}$$

oder wegen (13, 44)

$$3\, A = A'\, A'' - A''\, (A^{(2)})'' + (A^{(3)})''. \tag{13, 46}$$

Für die durch (13, 14) definierten algebraischen Komplemente $B_{ij}$ der $A_{ij}$ können wir jetzt einen einfacheren Ausdruck angeben. Wegen (11, 14) folgt zunächst

$$B_{ip} = \frac{1}{2} \begin{vmatrix} \delta_{ip} & \delta_{iq} & \delta_{ir} \\ \delta_{jp} & \delta_{jq} & \delta_{jr} \\ \delta_{kp} & \delta_{kq} & \delta_{kr} \end{vmatrix} A_{jq} A_{kr} = \frac{1}{2} \begin{vmatrix} \delta_{ip} & \delta_{iq} & \delta_{ir} \\ A_{pq} & A_{qq} & A_{rq} \\ A_{pr} & A_{qr} & A_{rr} \end{vmatrix} =$$

$$= \frac{1}{2} [\delta_{ip} (A_{qq} A_{rr} - A_{qr} A_{rq}) + \delta_{iq} (A_{rq} A_{pr} - A_{pq} A_{rr}) + \\ + \delta_{ir} (A_{pq} A_{qr} - A_{qq} A_{pr})]$$

oder wegen (13, 40) und (13, 42)

$$\boxed{B_{ip} = \delta_{ip} A' + A_{pi}^{(2)} - A_{pi} A''.} \qquad (13, 47)$$

Aus dieser Formel ergibt sich nun noch fast unmittelbar eine wichtige Relation zwischen vier aufeinanderfolgenden Tensorpotenzen, auf deren Bestehen wir schon bei der Definition der Tensorpotenzen hingewiesen haben und die als *Hamilton-Cayleysche Gleichung* bezeichnet wird. Wenn wir (nur aus ästhetischen Gründen) in (13, 47) die Indizes vertauschen und mit $A_{pj}$ überschieben, so folgt wegen (13, 24)

$$B_{pi} A_{pj} = A \, \delta_{ij} = \delta_{ip} A' A_{pj} - A_{ip} A_{pj} A'' + A_{ip}^{(2)} A_{pj}$$

oder

$$\boxed{A \, \delta_{ij} - A' A_{ij} + A'' A_{ij}^{(2)} - A_{ij}^{(3)} = 0} \qquad (13, 48)$$

und das ist bereits die Hamilton-Cayleysche Gleichung. Man beachte, daß die Koeffizienten in (13, 48) mit denen der charakteristischen Gleichung (13, 39) übereinstimmen; der Unterschied besteht nur darin, daß die Potenzen von $\lambda$ in (13, 39) formal durch die Potenzen des Tensors $A_{ij}$ ersetzt werden. Durch Verjüngung von (13, 48) ergibt sich wieder (13, 46). Überschiebung mit $A_{jk}^{(p)}$ ergibt aus (13, 48) eine etwas allgemeinere Formel, nämlich

$$A \, A_{ij}^{(p)} - A' A_{ij}^{(p+1)} + A'' A_{ij}^{(p+2)} - A_{ij}^{(p+3)} = 0. \qquad (13, 49)$$

Mit Hilfe dieser Gleichung lassen sich alle höheren Potenzen eines Tensors $A_{ij}$ auf $A_{ij}$ selbst und $A_{ij}^{(2)}$ zurückführen.

Ist $A \neq 0$, so kann man insbesondere $p = -1$ setzen und erhält

$$A\, A_{ij}^{(-1)} = A'\, \delta_{ij} - A''\, A_{ij} + A_{ij}^{(2)}, \qquad (13, 50)$$

was wegen (13, 25) wieder mit (13, 47) übereinstimmt.

Aufgaben

1. Es ist der Kotensor zu $A_{ij} = a_i\, b_j + a_j\, b_i$ aufzustellen.
2. Es ist der Kotensor zur Drehung

$$D_{ij} = e_i\, e_j + (\delta_{ij} - e_i\, e_j) \cos\vartheta - \varepsilon_{ijk}\, e_k \sin\vartheta$$

aufzustellen.

3. Zu beweisen: Jeder Tensor zweiter Stufe, der mit seinem Kotensor übereinstimmt, ist eine Drehung oder Null.
4. Der zum Tensor $A_{ij} = \overset{2}{e}_i\, \overset{3}{e}_j + \overset{3}{e}_i\, \overset{1}{e}_j + \overset{1}{e}_i\, \overset{2}{e}_j$ inverse Tensor ist zu bestimmen, wobei die $\overset{p}{e}_i$ ein normiertes Dreibein bilden. Man lege das Koordinatensystem so, daß die $\overset{\alpha}{e}_i$ die Maßvektoren werden.
5. Die Invarianten des Tensors $A_{ij} = a_i\, b_j + a_j\, b_i$ sind zu berechnen.
6. Die Invarianten des Drehtensors sind zu berechnen.
7. Für den Tensor $A_{ij} = \overset{2}{e}_i\, \overset{3}{e}_j + \overset{3}{e}_i\, \overset{1}{e}_j + \overset{1}{e}_i\, \overset{2}{e}_j$ sind die charakteristischen Zahlen zu bestimmen.
8. Die Hamilton-Cayleysche Gleichung ist für den Tensor $A_{ij} = \overset{2}{e}_i\, \overset{3}{e}_j + \overset{3}{e}_i\, \overset{1}{e}_j + \overset{1}{e}_i\, \overset{2}{e}_j$ aufzustellen und zu bestätigen.
9. Die Hamilton-Cayleysche Gleichung ist für den Drehtensor aufzustellen und zu bestätigen.

## § 14. Symmetrische Tensoren zweiter Stufe

Die symmetrischen Tensoren zweiter Stufe sind besonders wichtig, weil sich hier über die Hauptwerte (charakteristischen Zahlen) und Eigenvektoren einige weitere Aussagen machen lassen, die eine abschließende Behandlung der symmetrischen Tensoren zweiter Stufe ermöglichen. Sie werden deshalb in den physikalischen Anwendungen bevorzugt; so sind z. B. Trägheits-, Spannungs- und Verzerrungstensor symmetrische Tensoren.

Daneben stehen die symmetrischen Tensoren in einer besonders engen Beziehung zu den quadratischen Formen (homogenen Polynomen zweiten Grades). Wir knüpfen an den Ausdruck (10, 15) an, der für Tensoren zweiter Stufe in

$$f(X, Y) = A_{ij}\, X_i\, Y_j \qquad (14, 01)$$

übergeht. Die Schreibweise $f(X\,Y)$ soll — unter Weglassung der Indizes — die Abhängigkeit von den Variablen $X_i$ und $Y_i$ zum Ausdruck bringen. $f(X, Y)$ ist in jeder dieser beiden Reihen von Variablen linear und homogen und wird demgemäß als *Bilinearform* bezeichnet. Die im Anschluß an (10, 15) gegebene allgemeine Definition der Tensoren geht also in unserem Sonderfall $n = 2$ über in den Satz: Ist $f(X, Y) = A_{ij} X_i Y_j$ eine Invariante, wenn $X_i$ und $Y_i$ die Koordinaten zweier Vektoren sind, so sind die Koeffizienten $A_{ij}$ die Koordinaten eines Tensors zweiter Stufe. Ist dieser Tensor symmetrisch, also

$$A_{ij} = A_{ji}, \tag{14, 02}$$

so kann man an Stelle der Bilinearform (14, 01) die *quadratische Form*

$$f(X, X) = A_{ij} X_i X_j \tag{14, 03}$$

betrachten. Ist $f(X, X)$ eine Invariante, wenn $X_i$ die Koordinaten eines beliebigen Vektors sind, so sind die Koeffizienten $A_{ij} = A_{ji}$ die Koordinaten eines symmetrischen Tensors zweiter Stufe. Zum Beweis müssen wir zeigen, daß dann auch die mit denselben Koeffizienten gebildete Bilinearform (14, 01) invariant ist, wenn $X_i$ und $Y_i$ zwei beliebige Vektoren sind. Wir zeigen zu diesem Zweck, daß

$$f(X + Y, X + Y) - f(X, X) - f(Y, Y) = 2 f(X, Y)$$

oder

$$A_{ij} (X_i + Y_i)(X_j + Y_j) - A_{ij} X_i X_j - A_{ij} Y_i Y_j = 2 A_{ij} X_i Y_j \tag{14, 04}$$

ist. Links ergibt sich zunächst

$$A_{ij} X_i Y_j + A_{ij} Y_i X_j,$$

wegen (14, 02) ist aber

$$A_{ij} Y_i X_j = A_{ji} X_j Y_i = A_{ij} X_i Y_j$$

(beim zweiten Schritt wurde bloß die Bezeichnung der Summationsindizes vertauscht), so daß sich (14, 04) ergibt. Links stehen aber drei quadratische Formen, die laut Voraussetzung invariant sind; somit muß aber auch die Bilinearform rechts invariant sein.

Wir wenden uns nun der Untersuchung der Hauptwerte und Eigenvektoren zu. Die erste wichtige Tatsache ist die, daß *die*

*Hauptwerte (charakteristischen Zahlen) und die Eigenwerte eines symmetrischen Tensors stets reell sind.* Wir nehmen an, es sei $\underset{1}{\lambda} = \alpha + j\beta$ mit $j^2 = -1$ ein komplexer Hauptwert und $p_i + j\, q_i$ der zugehörige Eigenvektor, so daß

$$A_{ij}(p_j + j\, q_j) = (\alpha + j\beta)(p_i + j\, q_i)$$

ist. Multiplizieren wir aus und trennen wir reelle und imaginäre Glieder, so folgt:

$$A_{ij}\, p_j = \alpha\, p_i - \beta\, q_i, \quad A_{ij}\, q_j = \beta\, p_i + \alpha\, q_i.$$

Wir überschieben die erste Gleichung mit $q_i$, die zweite mit $p_i$ und erhalten wegen $A_{ij} = A_{ji}$

$$A_{ij}\, q_i\, p_j = A_{ij}\, p_i\, q_j = \alpha\, p_i\, q_i - \beta\, q_i\, q_i$$

und

$$A_{ij}\, p_i\, q_j = \beta\, p_i\, p_i + \alpha\, p_i\, q_i$$

und daraus durch Gleichsetzen der rechten Seiten

$$\beta\,(p_i\, p_i + q_i\, q_i) = 0.$$

Nun kann der Ausdruck in der Klammer nicht verschwinden, da der Eigenvektor $p_i + j\, q_i$ sonst der Nullvektor wäre, es muß also $\beta = 0$, d. h. $\underset{1}{\lambda}$ und damit auch die zugehörige Eigenrichtung reell sein.

Für die Eigenvektoren gilt nun der weitere wichtige Satz, daß *die zu verschiedenen Hauptwerten gehörigen Eigenvektoren stets orthogonal sind.* Sind z. B. $\underset{1}{\lambda}$ und $\underset{2}{\lambda} \neq \underset{1}{\lambda}$ zwei verschiedene Hauptwerte und $\overset{1}{e}_i$, $\overset{2}{e}_i$ die zugehörigen Eigenvektoren, die wir als normiert, d. h. als Einsvektoren annehmen können, so daß

$$\overset{1}{e}_i\, \overset{1}{e}_i = \overset{2}{e}_i\, \overset{2}{e}_i = 1$$

ist, so folgt aus

$$A_{ij}\, \overset{1}{e}_j = \underset{1}{\lambda}\, \overset{1}{e}_i, \quad A_{ij}\, \overset{2}{e}_j = \underset{2}{\lambda}\, \overset{2}{e}_i$$

durch Überschiebung mit $\overset{2}{e}_i$ bzw. $\overset{1}{e}_i$ wegen $A_{ij} = A_{ji}$

$$A_{ij}\, \overset{1}{e}_j\, \overset{2}{e}_i = A_{ij}\, \overset{1}{e}_i\, \overset{2}{e}_j = \underset{1}{\lambda}\, \overset{1}{e}_i\, \overset{2}{e}_i, \quad A_{ij}\, \overset{1}{e}_i\, \overset{2}{e}_j = \underset{2}{\lambda}\, \overset{1}{e}_i\, \overset{2}{e}_i,$$

also

$$(\underset{2}{\lambda} - \underset{1}{\lambda})\, \overset{1}{e}_i\, \overset{2}{e}_i = 0$$

und da voraussetzungsgemäß $\underset{2}{\lambda} \neq \underset{1}{\lambda}$ gilt, ist $\overset{1}{e}_i\, \overset{2}{e}_i = 0$.

Sind also drei verschiedene Hauptwerte vorhanden, so *bilden die Eigenvektoren ein normiertes Dreibein.* Es läßt sich aber zeigen, daß auch bei gleichen Hauptwerten, d. h. bei mehrfachen Wurzeln der charakteristischen Gleichung stets drei linear unabhängige Eigenvektoren existieren, die wir wieder als normiertes Dreibein wählen können.

Diese Untersuchung wird uns noch ein weiteres wichtiges Resultat liefern. Führt man nämlich ein neues Koordinatensystem $\bar{x}_i$ ein, dessen Achsen in die Richtungen des normierten Dreibeins der Eigenvektoren fallen, so geht die quadratische Form $f(X, X)$ über in eine Summe von Quadraten, deren Koeffizienten die Hauptwerte sind:

$$\underset{1}{\lambda}\,\bar{X}_1^2 + \underset{2}{\lambda}\,\bar{X}_2^2 + \underset{3}{\lambda}\,\bar{X}_3^2 \qquad (14, 05)$$

oder, mit anderen Worten, der Tensor $A_{ij}$ hat im System $\bar{x}_i$ die Koordinaten

$$\bar{A}_{ij} = \begin{pmatrix} \underset{1}{\lambda} & 0 & 0 \\ 0 & \underset{2}{\lambda} & 0 \\ 0 & 0 & \underset{3}{\lambda} \end{pmatrix} \qquad (14, 06)$$

Es sei also $\underset{1}{\lambda}$ ein Hauptwert von $A_{ij}$ und $\overset{1}{e}_i$ der zugehörige normierte Eigenvektor. Wir wählen zunächst ganz beliebig zwei weitere Einsvektoren $\overset{2}{e}_i$ und $\overset{3}{e}_i$, so daß die drei Vektoren $\overset{p}{e}_i$ ein normiertes Dreibein bilden.

Nach § 9 führt die Drehung

$$\bar{x}_i = \overset{i}{e}_j\, x_j \qquad (14, 07)$$

das Koordinatensystem $x_i$ über in ein System $\bar{x}_i$, dessen Achsenrichtungen mit den Richtungen der Vektoren $\overset{i}{e}_j$ übereinstimmen. Die Koordinaten $\bar{A}_{ij}$ von $A_{ij}$ im System $\bar{x}_i$ sind dann nach (10, 10)

$$\bar{A}_{ij} = A_{pq}\, \overset{i}{e}_p\, \overset{j}{e}_q$$

und insbesondere für $j = 1$, da $\overset{1}{e}_q$ Eigenvektor ist,

$$\bar{A}_{i1} = A_{pq}\, \overset{i}{e}_p\, \overset{1}{e}_q = \underset{1}{\lambda}\, \overset{i}{e}_p\, \overset{1}{e}_p$$

und da $A_{ij}$ symmetrisch und die $\overset{i}{e}_p$ ein normiertes Dreibein sind,

$$\bar{A}_{i1} = \bar{A}_{1i} = \underset{1}{\lambda}\, \delta_{i1}.$$

Der Tensor $\bar{A}_{ij}$ hat also die Form

$$\bar{A}_{ij} = \begin{pmatrix} \lambda_1 & 0 & 0 \\ 0 & \bar{A}_{22} & \bar{A}_{23} \\ 0 & \bar{A}_{32} & \bar{A}_{33} \end{pmatrix} \tag{14, 08}$$

mit $\bar{A}_{23} = \bar{A}_{32}$. Die zugehörige charakteristische Gleichung ist

$$\begin{vmatrix} \underset{1}{\lambda} - \lambda & 0 & 0 \\ 0 & \bar{A}_{22} - \lambda & \bar{A}_{23} \\ 0 & \bar{A}_{32} & \bar{A}_{33} - \lambda \end{vmatrix} = 0$$

und zerfällt in $\underset{1}{\lambda} - \lambda = 0$ und

$$\begin{vmatrix} \bar{A}_{22} - \lambda & \bar{A}_{23} \\ \bar{A}_{32} & \bar{A}_{33} - \lambda \end{vmatrix} = 0. \tag{14, 09}$$

Es sei $\underset{2}{\lambda}$ eine Wurzel von (14, 09). Die Gleichungen (13, 33) für die Eigenvektoren

$$(\bar{A}_{ij} - \lambda\, \delta_{ij})\, \bar{X}_j = 0$$

gehen wegen (14, 08) für $\lambda = \underset{2}{\lambda}$ über in

$$\left.\begin{aligned} (\underset{1}{\lambda} - \underset{2}{\lambda})\, \bar{X}_1 \qquad\qquad\qquad\qquad\qquad &= 0, \\ (\bar{A}_{22} - \underset{2}{\lambda})\, \bar{X}_2 + \qquad \bar{A}_{23}\, \bar{X}_3 &= 0, \\ \bar{A}_{32}\, \bar{X}_2 + (\bar{A}_{33} - \underset{2}{\lambda})\, \bar{X}_3 &= 0. \end{aligned}\right\} \tag{14, 10}$$

Die zweite und die dritte Gleichung haben, da $\underset{2}{\lambda}$ eine Wurzel von (14, 09) ist, also die Koeffizientendeterminante verschwindet, sicher eine nicht triviale Lösung $\bar{X}_2$, $\bar{X}_3$, die wir noch durch die Bedingung $\bar{X}_2^2 + \bar{X}_3^2 = 1$ normieren.

Ist $\underset{2}{\lambda} \neq \underset{1}{\lambda}$, so gibt die erste Gleichung $\bar{X}_1 = 0$ und der zu $\underset{2}{\lambda}$ gehörige Eigenvektor $\bar{X}_i$ steht auf $\overset{1}{e}_i$ senkrecht. Mit ihm können wir den oben willkürlich (nur senkrecht zu $\overset{1}{e}_i$) angenommenen

Vektor $\overset{2}{e}_i$ zusammenfallen lassen. Dann ist aber im System $\bar{x}_i$ jedenfalls $\overset{2}{e}_i = \bar{X}_i = (0, 1, 0)$, so daß $\bar{A}_{23} = \bar{A}_{32} = 0$ und $\bar{A}_{22} = \underset{2}{\lambda}$ sein muß.

Ist aber $\underset{2}{\lambda} = \underset{1}{\lambda}$ (Doppelwurzel), so bleibt $\bar{X}_1$ unbestimmt, aber wenn wir auch hier $\bar{X}_1 = 0$ wählen, so ist $\bar{X}_i$ sicher ein zu $\overset{1}{e}_i$ senkrechter Einsvektor, mit dem wir wieder $\overset{2}{e}_i$ zusammenfallen lassen können; wie oben schließen wir $\bar{A}_{23} = \bar{A}_{32} = 0$, $\bar{A}_{22} = \underset{2}{\lambda}$. In beiden Fällen muß ferner $\bar{A}_{33} = \underset{3}{\lambda}$ sein; (14, 08) geht über in (14, 06), so daß diese Darstellung auch dann gilt, wenn zwei oder alle drei Zahlen $\underset{\alpha}{\lambda}$ einander gleich sind. Der Tensor

$$L_{ij} = A_{ij} - \lambda\, \delta_{ij},$$

der im System $\bar{x}_i$ die Form

$$\bar{L}_{ij} = \bar{A}_{ij} - \lambda\, \delta_{ij} = \begin{pmatrix} \underset{1}{\lambda} - \lambda & 0 & 0 \\ 0 & \underset{2}{\lambda} - \lambda & 0 \\ 0 & 0 & \underset{3}{\lambda} - \lambda \end{pmatrix}$$

hat, hat also für $\lambda = \underset{1}{\lambda}$ den Rang 2, 1 oder 0, je nachdem $\underset{1}{\lambda}$ eine einfache, zweifache oder dreifache Wurzel der charakteristischen Gleichung

$$\det (A_{ij} - \lambda\, \delta_{ij}) = 0$$

ist. Die Gleichungen (13, 33) für die Eigenvektoren

$$(A_{ij} - \lambda\, \delta_{ij})\, X_j = 0$$

haben für $\lambda = \underset{1}{\lambda}$ dann eine, zwei oder drei linear unabhängige Lösungen. Das ist die wichtigste besondere Eigenschaft der symmetrischen Tensoren, denn gerade sie ermöglicht, wie wir oben gesehen haben, in jedem Fall die Aufstellung eines normierten Dreibeins von Eigenvektoren, während die Beispiele des § 13 zeigen, daß bei einem nicht symmetrischen Tensor der Rang des Tensors $A_{ij} - \underset{1}{\lambda}\, \delta_{ij}$ den Wert 2 haben kann, auch wenn $\underset{1}{\lambda}$ eine mehrfache Wurzel der charakteristischen Gleichung ist.

Wir wollen ein Beispiel durchrechnen. Es sei

$$A_{ij} = \begin{pmatrix} 0 & 1 & 1 \\ 1 & 0 & 1 \\ 1 & 1 & 0 \end{pmatrix}; \tag{14, 11}$$

die quadratische Form (14, 03) wird

$$f(X, X) = 2\,(X_2 X_3 + X_3 X_1 + X_1 X_2). \tag{14, 12}$$

Die charakteristische Gleichung

$$\begin{vmatrix} -\lambda & 1 & 1 \\ 1 & -\lambda & 1 \\ 1 & 1 & -\lambda \end{vmatrix} = (1 + \lambda)^2 (2 - \lambda) = 0 \tag{14, 13}$$

hat die einfache Wurzel $\underset{1}{\lambda} = 2$ und die Doppelwurzel $\underset{2}{\lambda} = \underset{3}{\lambda} = -1$. Man sieht sofort, daß der Tensor $A_{ij} - \lambda\,\delta_{ij}$, dessen Koordinaten die Elemente der obigen Determinante sind, für $\lambda = 2$ den Rang 2 und für $\lambda = -1$ den Rang 1 hat. Die Gleichungen für die Eigenvektoren sind für $\lambda = 2$

$$\begin{aligned} -2X_1 + X_2 + X_3 &= 0, \\ X_1 - 2X_2 + X_3 &= 0, \\ X_1 + X_2 - 2X_3 &= 0. \end{aligned} \tag{14, 14}$$

Sie haben die normierte Lösung $\overset{1}{e_i} = \left(\frac{1}{\sqrt{3}}, \frac{1}{\sqrt{3}}, \frac{1}{\sqrt{3}}\right)$. Für $\lambda = -1$ ergibt sich die Gleichung

$$X_1 + X_2 + X_3 = 0 \tag{14, 15}$$

dreimal; wir suchen zwei aufeinander und auf $\overset{1}{e_i}$ senkrechte Lösungen. Eine normierte Lösung ist z. B. $\overset{2}{e_i} = \left(\frac{1}{\sqrt{2}}, -\frac{1}{\sqrt{2}}, 0\right)$; dann muß

$$\overset{3}{e_i} = \varepsilon_{ijk}\,\overset{1}{e_j}\,\overset{2}{e_k} = \left(\frac{1}{\sqrt{6}}, \frac{1}{\sqrt{6}}, -\frac{2}{\sqrt{6}}\right)$$

sein. Jeder auf $\overset{1}{e_i}$ senkrechte Vektor muß ja der Gleichung (14, 15) genügen! Die Drehung $\bar{x}_i = \overset{i}{e_j}\,x_j$, die ausführlich geschrieben

$$\begin{aligned} \bar{x}_1 &= \frac{1}{\sqrt{3}}(x_1 + x_2 + x_3), \\ \bar{x}_2 &= \frac{1}{\sqrt{2}}(x_1 - x_2), \\ \bar{x}_3 &= \frac{1}{\sqrt{6}}(x_1 + x_2 - 2x_3) \end{aligned}$$

lautet, führt (14, 12) über in

$$\varphi(\bar{X}, \bar{X}) = \underset{1}{\lambda}\,\bar{X}_1^2 + \underset{2}{\lambda}\,\bar{X}_2^2 + \underset{3}{\lambda}\,\bar{X}_3^2 = 2\,\bar{X}_1^2 - \bar{X}_2^2 - \bar{X}_3^2. \tag{14, 16}$$

Ist der Tensor $A_{ij}$ singulär, also vom Rang 2 oder 1 (vom Fall des Nulltensors können wir absehen), so sind entweder eine oder zwei Hauptwerte gleich Null.

Sind alle Hauptwerte positiv, so heißt $A_{ij}$ oder die quadratische Form (14, 03) *positiv definit*; $f(X, X)$ kann, wie immer $x_i \neq 0$ gewählt wird, nur positive Werte annehmen. Sind alle Hauptwerte negativ, so heißt $A_{ij}$ oder (14, 03) *negativ definit* und $f(X, X)$ nimmt nur negative Werte an. Haben die Hauptwerte verschiedene Vorzeichen, so heißt $A_{ij}$ oder (14, 03) *indefinit*, $f(X, X)$ kann Werte beiderlei Vorzeichens annehmen und insbesondere auch verschwinden, ohne daß $X_i = 0$ ist.

Hat $A_{ij}$ einen kleineren Rang als 3, sind aber die von Null verschiedenen Hauptwerte von gleichem Vorzeichen, so heißt $A_{ij}$ oder (14, 03) positiv bzw. negativ *halbdefinit*. $f(X, X)$ kann verschwinden, ohne daß $X_i = 0$ ist, nimmt aber sonst nur Werte eines Vorzeichens an.

Beispiele:

| | |
|---|---|
| $X_1^2 + X_2^2 + X_3^2$ | Rang 3, positiv definit. |
| $X_2 X_3 + X_3 X_1 + X_1 X_2$ | Rang 3, indefinit[1]. |
| $X_1^2 + X_2^2 - X_3^2$ | Rang 3, indefinit. |
| $X_1^2 - X_2^2$ | Rang 2, indefinit. |
| $-X_1^2 - X_2^2$ | Rang 2, negativ halbdefinit. |
| $X_1^2$ | Rang 1, positiv halbdefinit. |

## § 15. Flächen zweiten Grades

Als Anwendungsbeispiel unserer Entwicklungen über die Tensoren zweiter Stufe geben wir im folgenden eine vollständige Untersuchung der *Flächen zweiten Grades*, die analytisch als der Ort der Punkte definiert sind, die einer in den Koordinaten $x_i$ quadratischen Gleichung der allgemeinen Form

$$f(x, x) = a_{ij} x_i x_j + 2 a_i x_i + a = 0 \qquad (15, 01)$$

genügen. Durch die Bezeichnung $f(x, x)$ der linken Seite von (15, 01) soll dabei vor allem die Tatsache zum Ausdruck gebracht werden, daß es sich um ein Polynom *zweiten* Grades handelt. Bei der folgenden Untersuchung soll eine vollständige Klassifikation der Flächen, d. h. eine Aufstellung aller möglichen Typen und zugleich ein Verfahren gegeben werden, die allgemeine Gleichung

[1] Vergleiche das oben durchgerechnete Beispiel.

(15, 01) durch Wahl eines speziellen Koordinatensystems in eine möglichst einfache Form *(Normalform)* zu transformieren. Wir setzen dabei voraus, daß (15, 01) auch wirklich quadratische Glieder enthält und nicht nur die Gleichung einer Ebene ist; wir nehmen daher an, daß

$$a_{ij} = a_{ji} \tag{15, 02}$$

nicht vom Rang Null, d. h. nicht der Nulltensor ist.

Zuvor aber noch einige allgemeine Bemerkungen über die Gleichung (15, 01)! Die zugehörige bilineare Gleichung

$$f(x, y) = a_{ij}\, x_i\, y_j + a_i\, x_i + a_i\, y_i + a = 0, \tag{15, 03}$$

die für $y_i = x_i$ in (15, 01) übergeht, bestimmt dann eine Zuordnung zwischen Punkten und Ebenen des Raumes, die man als *Polarität* bezüglich der Fläche $f(x, x) = 0$ bezeichnet. Ist ein Punkt $x_i$ fest gegeben, so ist (15, 03) eine in $y_i$ lineare Gleichung, stellt also eine bestimmte Ebene dar, die *Polare* oder *Polarebene* des Punktes $x_i$ heißt. Ist umgekehrt eine Ebene

$$u_i\, x_i + u = 0 \tag{15, 04}$$

gegeben, so zeigt der Vergleich mit (15, 03), daß

$$\left.\begin{aligned} a_{ij}\, y_j + a_i &= u_i, \\ a_i\, y_i + a &= u \end{aligned}\right\} \tag{15, 05}$$

sein muß, woraus die Koordinaten des Poles $y_i$ der Ebene (15, 04) zu berechnen sind. Wir können (15, 05) als ein System von linearen Gleichungen für die Unbekannten $y_1, y_2, y_3, y_4 = 1$ auffassen[1]; die Bedingung für eine eindeutige Lösbarkeit ist $A \neq 0$, wenn

$$A = \begin{vmatrix} a_{11} & a_{12} & a_{13} & a_1 \\ a_{21} & a_{22} & a_{23} & a_2 \\ a_{31} & a_{32} & a_{33} & a_3 \\ a_1 & a_2 & a_3 & a \end{vmatrix} \tag{15, 06}$$

[1] Wir denken uns die Gleichungen (15, 05) in der Form

$$\left.\begin{aligned} a_{ij}\, y_j + a_i\, y_4 &= u_i, \\ a_i\, y_i + a\, y_4 &= u \end{aligned}\right\} \tag{I}$$

mit den Unbekannten $y_1, y_2, y_3, y_4$ geschrieben. Aber wir können die Koeffizienten $u_i$, $u$ von (15, 04) mit einem beliebigen Faktor $\sigma$ multiplizieren, ohne die dargestellte Ebene zu ändern. Die Lösungen von (I) multiplizieren sich dann ebenfalls mit $\sigma$, und wir können $\sigma$ so wählen, daß $\sigma\, y_4 = 1$ wird.

ist. Die dreireihige Determinante $A = \det a_{ij}$ des Tensors $a_{ij}$ ist das Komplement des Elements $a$ in (15, 06).

Es seien nun $x_i$ und $y_i$ die Koordinaten zweier beliebiger Punkte $X$ und $Y$ im Raum; dann ist

$$z_i = x_i + t\,(y_i - x_i) = (1 - t)\,x_i + t\,y_i \qquad (15, 07)$$

ein Punkt der Geraden durch $X$ und $Y$. Bezeichnen wir mit $A$ und $B$ die Schnittpunkte der Geraden (15, 07) mit unserer Fläche (15, 01), so folgt durch Einsetzen

$$f(z, z) = (1 - t)^2\,a_{ij}\,x_i\,x_j + 2\,t\,(1 - t)\,a_{ij}\,x_i\,y_j + t^2\,a_{ij}\,y_i\,y_j + \\ + 2\,a_i\,(1 - t)\,x_i + 2\,a_i\,t\,y_i + a = 0, \qquad (15, 08)$$

d. h. eine quadratische Gleichung für die Parameterwerte $t_1$, $t_2$ der beiden Schnittpunkte $A$ und $B$. Auf der Geraden (15, 07) liegen also vier Punkte $X$, $Y$, $A$ und $B$. Unter dem Doppelverhältnis dieser vier Punkte versteht man den Ausdruck

$$v = \frac{\overline{XA}}{\overline{YA}} : \frac{\overline{XB}}{\overline{YB}}, \qquad (15, 09)$$

wobei z. B. $\overline{XA}$ der (im Sinn wachsender $t$ orientierte) Abstand der beiden Punkte $X$ und $A$ ist. Nun ist aber der Parameter $t$ in (15, 07) dem Abstand des Punktes $Z$ (mit den Koordinaten $z_i$) von $X$ proportional, wobei der Proportionalitätsfaktor der Abstand $\lambda = \overline{XY}$ ist, d. h. es ist $t = \frac{\overline{XZ}}{\overline{XY}}$. In (15, 09) können wir aber, ohne den Wert von $v$ zu ändern, alle Abstände durch $\lambda$ dividieren, d. h. wir können die entsprechenden Werte des Parameters $t$ in (15, 09) einsetzen. Das gibt, wie man leicht nachrechnet (zu den Punkten $X$, $Y$, $A$, $B$ gehören der Reihe nach die Werte $0, 1, t_1, t_2$ von $t$)

$$v = \frac{t_1}{t_1 - 1} : \frac{t_2}{t_2 - 1} = u_1 : u_2, \qquad (15, 10)$$

wo $t = \frac{u}{u - 1}$ gesetzt ist. Aus (15, 08) folgt

$$(a_{ij}\,x_i\,x_j + 2\,a_i\,x_i + a) - 2\,u\,(a_{ij}\,x_i\,y_j + a_i\,x_i + a_i\,y_i + a) + \\ + u^2\,(a_{ij}\,y_i\,y_j + 2\,a_i\,y_i + a) = 0$$

oder

$$f(x, x) - 2\,f(x, y)\,u + f(y, y)\,u^2 = 0. \qquad (15, 11)$$

Ist $v = -1$, so sagt man, daß die vier Punkte *harmonisch* liegen[1]. Dieser Fall ist von besonderer Wichtigkeit und tritt für die vier Punkte $X, Y, A, B$ dann ein, wenn die Wurzeln $u_1$ und $u_2$ von (15, 11) entgegengesetzt gleich sind. Da aber nach (15, 11)

$$u_1 + u_2 = 2\,\frac{f\,(x, y)}{f\,(y, y)}$$

ist, muß dann $f\,(x, y) = 0$ sein. Denken wir uns den Punkt $X$ festgehalten und betrachten wir sämtliche Geraden des Raumes durch $X$. Auf jeder dieser Geraden bestimmen wir den zu $X$ bezüglich der Schnittpunkte $A$ und $B$ der Geraden mit der Fläche harmonischen Punkt $Y$. Der Ort aller dieser Punkte $Y$ ist dann nichts anderes als die Polare von $X$.

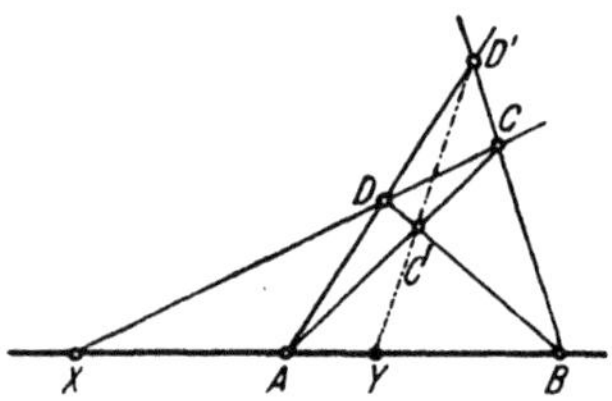

Abb. 26

Liegt $X$ auf der Fläche, so ist $X = A$ und neben $f\,(x, y) = 0$ auch $f\,(x, x) = 0$. Es muß dann entweder $Y$ oder $B$ mit $X = A$ zusammenfallen. Im ersten Fall ist (15, 08) und ebenso (15, 11) identisch erfüllt. Im zweiten Fall hat (15, 11) die Doppelwurzel $u = 0$ und ebenso (15, 08) die Doppelwurzel $t = 0$, d. h. auch der zweite Schnittpunkt $B$ fällt mit $X$ und $A$ zusammen. Die Gerade (15, 07) ist eine Tangente der Fläche in $X$ und die Polare von $X$ die Tangentenebene der Fläche im Punkt $X$. Somit ist (15, 03) die Gleichung der Tangentenebene mit dem Berührungspunkt $x_i$ in laufenden Koordinaten $y_i$.

Der *Mittelpunkt* der Fläche ist der Pol der unendlich fernen Ebene des Raumes. $X$ liegt in der Mitte zwischen den beiden Schnittpunkten $A$ und $B$, wenn $\overline{AX} = \overline{XB}$ ist. Dann folgt aus (15, 09) für $v = -1$ sofort $\overline{YA} = \overline{YB}$, was aber nur möglich ist, wenn $Y$ im Unendlichen liegt. Für die unendlich ferne (un-

[1] Das Doppelverhältnis von vier Punkten $X, Y, A, B$ einer Geraden ist die fundamentale Invariante der projektiven Geometrie. Ist $v = -1$, so sagt man auch, daß *die Punktepaare* $X, Y$ und $A, B$ *einander harmonisch trennen*, oder daß z. B. $Y$ *der vierte harmonische Punkt zu* $X$ *bezüglich* $A, B$ *ist*. Die Abb. 26 zeigt die Konstruktion von $Y$ (oder $X$), wenn $X$ (bzw. $Y$) und $A, B$ gegeben sind, mit Hilfe des vollständigen Vierecks $A\,B\,C\,D$ (bzw. $A\,B\,C'\,D'$), wobei $C$ und $D$ (bzw. $C'$ und $D'$) auf einer beliebigen Geraden durch $X$ (bzw. $Y$) beliebig angenommen werden können.

eigentliche) Ebene des Raumes muß in (15, 04) $u_i = 0$, $u \neq 0$ sein. Die Koordinaten des Mittelpunktes sind dann aus den ersten drei Gleichungen (15, 05) mit $u_i = 0$ zu berechnen. Wir kommen darauf weiter unten von einer anderen Fragestellung aus zurück.

Wir wenden uns nun zu der eingangs gestellten Aufgabe, eine Klassifikation der Fläche (15, 01) zu geben. Der zweite Teil der Aufgabe, nämlich die Transformation in Normalformen, findet seine Lösung dabei als Nebenresultat ohne weitere Schwierigkeiten.

Nach unseren Ausführungen über die symmetrischen Tensoren ist es zunächst naheliegend, die quadratischen Glieder in (15, 01), also die quadratische Form

$$\varphi(x, x) = a_{ij}\, x_i\, x_j$$

in eine Summe von Quadraten zu transformieren. Sind $\underset{1}{\lambda}, \underset{2}{\lambda}, \underset{3}{\lambda}$ die Hauptwerte und $\overset{i}{e}_j$ die (normierten) Eigenvektoren des Tensors $a_{ij}$, so führt die Drehung (14, 07) des Koordinatensystems, die wir hier lieber

$$y_i = \overset{i}{e}_j\, x_j$$

oder, nach den $x_i$ aufgelöst,

$$x_i = \overset{j}{e}_i\, y_j \tag{15, 12}$$

schreiben, $\varphi(x, x)$ über in

$$\psi(y, y) = \underset{1}{\lambda}\, y_1^2 + \underset{2}{\lambda}\, y_2^2 + \underset{3}{\lambda}\, y_3^2 \tag{15, 13}$$

und (15, 01) geht über in

$$g(y, y) = \underset{1}{\lambda}\, y_1^2 + \underset{2}{\lambda}\, y_2^2 + \underset{3}{\lambda}\, y_3^2 + 2\, b_j\, y_j + b = 0. \tag{15, 14}$$

Dabei ist

$$b_j = \overset{j}{e}_i\, a_i, \quad b = a. \tag{15, 15}$$

Der Rang des Tensors $a_{ij}$ stimmt mit der Zahl der von Null verschiedenen $\lambda$ überein, so daß sich zunächst drei Hauptfälle ergeben:

$$\left.\begin{array}{ll} \text{I.} & \underset{1}{\lambda}\,\underset{2}{\lambda}\,\underset{3}{\lambda} \neq 0, \quad \text{Rang } 3, \\ \text{II.} & \underset{1}{\lambda}\,\underset{2}{\lambda} \neq 0, \ \underset{3}{\lambda} = 0, \quad \text{Rang } 2, \\ \text{III.} & \underset{1}{\lambda} \neq 0, \ \underset{2}{\lambda} = \underset{3}{\lambda} = 0, \quad \text{Rang } 1. \end{array}\right\} \tag{15, 16}$$

Wir suchen nun (15, 14) mit Hilfe einer Parallelverschiebung

$$y_i = z_i + m_i \tag{15, 17}$$

des Koordinatensystems weiter zu vereinfachen. Aus (15, 14) folgt dann

$$\begin{aligned} g(z+m, z+m) = {} & \underset{1}{\lambda} z_1^2 + \underset{2}{\lambda} z_2^2 + \underset{3}{\lambda} z_3^2 + \\ & + 2\left(\underset{1}{\lambda} m_1 + b_1\right) z_1 + 2\left(\underset{2}{\lambda} m_2 + b_2\right) z_2 + \\ & + 2\left(\underset{3}{\lambda} m_3 + b_3\right) z_3 + \underset{1}{\lambda} m_1^2 + \underset{2}{\lambda} m_2^2 + \\ & + \underset{3}{\lambda} m_3^2 + 2 b_j m_j + b = 0. \end{aligned} \tag{15, 18}$$

Das konstante Glied hat die Form $g(m, m)$ und verschwindet, wenn der Punkt $m_i$ auf der Fläche liegt. Wir versuchen aber zunächst $m_i$ so zu bestimmen, daß alle linearen Glieder wegfallen, also

$$\underset{1}{\lambda} m_1 + b_1 = \underset{2}{\lambda} m_2 + b_2 = \underset{3}{\lambda} m_3 + b_3 = 0 \tag{15, 19}$$

ist. Im Fall I von (15, 16) sind die $m_i$ aus diesen Gleichungen eindeutig bestimmbar und sind nichts anderes als die Koordinaten des *Mittelpunktes*. Man überzeugt sich sofort, daß die ersten drei Gleichungen (15, 05) mit $u_i = 0$ durch die Transformation (15, 12) in (15, 19) übergehen. Im Fall II existiert nur dann eine Lösung von (15, 19), wenn auch $b_3 = 0$ ist, dann kann aber $m_3$ willkürlich angenommen werden, d. h. es gibt eine Gerade, nämlich die $z_3$-Achse ($z_1 = z_2 = 0$), deren sämtliche Punkte Mittelpunkte der Fläche sind. Im Fall III gibt es nur, wenn $b_2 = b_3 = 0$ ist, Lösungen $m_i$, und zwar erfüllen diese alle Punkte der Ebene $z_1 = 0$. Wir haben also folgende weitere Einteilung:

II A. Fläche ohne Mittelpunkt: $b_3 \neq 0$.

B. Fläche mit $\infty^1$ Mittelpunkten: $b_3 = 0$.

III A. Fläche ohne Mittelpunkt: $b_2 \neq 0$ oder $b_3 \neq 0$.

B. Fläche mit $\infty^2$ Mittelpunkten: $b_2 = b_3 = 0$.

Wir gehen an die Diskussion dieser fünf Hauptfälle.

Im Fall I bestimmen wir den Mittelpunkt $m_i$ aus den Gleichungen (15, 19) und setzen das konstante Glied in (15, 18)

$$g(m, m) = k.$$

Dabei ergeben sich zwei Unterfälle, je nachdem $k \neq 0$ oder $k = 0$ ist.

I A. $k \neq 0$; der Mittelpunkt liegt nicht auf der Fläche. Dividieren wir (15, 18) durch $-k$ und setzen wir

$$\frac{\underset{\alpha}{\lambda}}{-k} = \pm \frac{1}{c_\alpha^2} \quad (\alpha = 1, 2, 3), \tag{15, 20}$$

so erhalten wir je nach den Vorzeichen der Hauptwerte die folgenden Flächentypen:

a) $\frac{z_1^2}{c_1^2} + \frac{z_2^2}{c_2^2} + \frac{z_3^2}{c_3^2} = 1,$ Ellipsoid,

b) $\frac{z_1^2}{c_1^2} + \frac{z_2^2}{c_2^2} - \frac{z_3^2}{c_3^2} = 1,$ einschaliges Hyperboloid,

c) $\frac{z_1^2}{c_1^2} - \frac{z_2^2}{c_2^2} - \frac{z_3^2}{c_3^2} = 1,$ zweischaliges Hyperboloid,

d) $-\frac{z_1^2}{c_1^2} - \frac{z_2^2}{c_2^2} - \frac{z_3^2}{c_3^2} = 1,$ Fläche ohne reelle Punkte[1].

In den Fällen b) und c) könnte sich zunächst auch eine andere Verteilung der Vorzeichen ergeben, aber durch Umnumerierung der Koordinatenachsen kann man stets zu den obigen Gleichungen gelangen, die die bekannten Normalformen der regulären Mittelpunktsflächen zweiten Grades sind. Über die Gestalt der Flächen bekommt man einen vorläufigen Aufschluß, wenn man die Schnitte mit den Koordinatenebenen $z_1 = 0$, $z_2 = 0$, $z_3 = 0$ betrachtet.

I B. $k = 0$; der Mittelpunkt liegt auf der Fläche. Da die linke Seite der Flächengleichung (15, 18) dann homogen vom zweiten Grad ist, ist der Mittelpunkt zugleich ein singulärer Punkt der Fläche und diese ein Kegel. Setzen wir

$$\underset{\alpha}{\lambda} = \pm \frac{1}{c_\alpha^2},$$

so folgen je nach den Vorzeichen zwei Unterfälle

a) $\frac{z_1^2}{c_1^2} + \frac{z_2^2}{c_2^2} + \frac{z_3^2}{c_3^2} = 0,$ Kegel ohne reelle Punkte mit Ausnahme des Scheitels $z_i = 0$.

b) $\frac{z_1^2}{c_1^2} + \frac{z_2^2}{c_2^2} - \frac{z_3^2}{c_3^2} = 0,$ Kegel.

---

[1] Man sagt *nicht* „imaginäre Fläche"! In der Geometrie nennt man jede Fläche *reell*, wenn sie durch eine reelle Gleichung (d. h. eine Gleichung mit reellen Koeffizienten) dargestellt werden kann. I A d) ist also eine *reelle* Fläche.

Weitere Fälle gibt es nicht, denn wenn zwei oder drei Hauptwerte negativ sind, führt eine Multiplikation der ganzen Gleichung mit $-1$ stets auf den Fall b) oder a).

II A. Wir bestimmen $m_1$ und $m_2$ aus den beiden ersten Gleichungen (15, 19), $m_3$ aus der Bedingung $g(m, m) = 0$. Es ist $(\lambda_3 = 0,\ b_3 \neq 0)$

$$m_3 = -\frac{1}{2\,b_3}\left(\underset{1}{\lambda}\, m_1^2 + \underset{2}{\lambda}\, m_2^2 + 2\,b_1\,m_1 + 2\,b_2\,m_2 + b\right)$$

und (15, 18) geht über in

$$\underset{1}{\lambda}\, z_1^2 + \underset{2}{\lambda}\, z_2^2 + 2\,b_3\,z_3 = 0.$$

Setzen wir hier je nach dem Vorzeichen von $\underset{1}{\lambda}$ und $\underset{2}{\lambda}$

$$-\frac{\underset{1}{\lambda}}{b_3} = \pm\frac{1}{c_1^2}, \quad -\frac{\underset{2}{\lambda}}{b_3} = \pm\frac{1}{c_2^2},$$

so folgen die Normalformen

a) $\dfrac{z_1^2}{c_1^2} + \dfrac{z_2^2}{c_2^2} = 2\,z_3$, elliptisches Paraboloid,

b) $\dfrac{z_1^2}{c_1^2} - \dfrac{z_2^2}{c_2^2} = 2\,z_3$, hyperbolisches Paraboloid.

Der Fall mit zwei negativen Eigenwerten bietet nichts Neues, da diese Fläche durch eine Spiegelung an der Ebene $z_3 = 0$ (d. h. durch die Transformation $\bar{z}_1 = z_1$, $\bar{z}_2 = z_2$, $\bar{z}_3 = -z_3$) in das elliptische Paraboloid II A a übergeht.

II B. Wegen $b_3 = 0$ läßt sich $m_3$ *nicht* wie im Fall II A aus der Bedingung $g(m, m) = 0$ bestimmen. Wir setzen

$$g(m, m) = \underset{1}{\lambda}\, m_1^2 + \underset{2}{\lambda}\, m_2^2 + 2\,b_1\,m_1 + 2\,b_2\,m_2 + b = k$$

und haben wie bei I zwei Unterfälle zu unterscheiden, je nachdem $k \neq 0$ oder $k = 0$ ist.

a) $k \neq 0$; wir setzen

$$-\frac{\underset{1}{\lambda}}{k} = \pm\frac{1}{c_1^2}, \quad -\frac{\underset{2}{\lambda}}{k} = \pm\frac{1}{c_2^2},$$

so daß (14, 34) je nach den Vorzeichen der $\lambda$ in eine der drei Normalformen

α) $\dfrac{z_1^2}{c_1^2} + \dfrac{z_2^2}{c_2^2} = 1$, elliptischer Zylinder,

$$\beta)\quad \frac{z_1^2}{c_1^2} - \frac{z_2^2}{c_2^2} = 1, \quad \text{hyperbolischer Zylinder,}$$

$$\gamma)\quad -\frac{z_1^2}{c_1^2} - \frac{z_2^2}{c_2^2} = 1, \quad \text{Zylinder ohne reelle Punkte}$$

übergeht.

b) $k = 0$; wir setzen

$$\underset{1}{\lambda} = \pm \frac{1}{c_1^2}, \qquad \underset{2}{\lambda} = \pm \frac{1}{c_2^2}$$

und erhalten zwei Normalformen

$$\alpha)\quad \frac{z_1^2}{c_1^2} + \frac{z_2^2}{c_2^2} = 0, \quad \text{zwei imaginäre Ebenen mit reeller Schnittgeraden,}$$

$$\beta)\quad \frac{z_1^2}{c_1^2} - \frac{z_2^2}{c_2^2} = 0, \quad \text{zwei reelle Ebenen.}$$

III A. Wegen $\underset{2}{\lambda} = \underset{3}{\lambda} = 0$ (Doppelwurzel der charakteristischen Gleichung) können wir $\overset{2}{e}_i$ in der zu $\overset{1}{e}_i$ senkrechten Ebene beliebig annehmen, $\overset{3}{e}_i$ ist dann bestimmt. Wählen wir $\overset{2}{e}_i$ senkrecht zu $a_i$, so ist nach (15, 15) $b_2 = 0$; $m_1$ bestimmen wir dann aus der ersten Gleichung (15, 19) und $m_3$ aus

$$m_3 = -\frac{1}{2\, b_3} (\underset{1}{\lambda}\, m_1^2 + 2\, b_1\, m_1 + b)$$

(es ist sicher $b_3 \neq 0$, da sonst der Fall III B vorliegen würde). Dann ist das konstante Glied $g\,(m, m) = 0$ und (15, 18) geht, wenn wir noch

$$-\frac{b_3}{\underset{1}{\lambda}} = p$$

setzen, über in

$$z_1^2 = 2\, p\, z_3, \quad \text{parabolischer Zylinder.}$$

III B. Wir bestimmen $m_1$ aus der ersten Gleichung (15, 19) und setzen

$$g\,(m, m) = \underset{1}{\lambda}\, m_1^2 + 2\, b_1\, m_1 + b = k.$$

a) $k \neq 0$, $-\frac{\underset{1}{\lambda}}{k} = \pm \frac{1}{c_1^2}$ gibt

$$\alpha)\quad \frac{z_1^2}{c_1^2} = 1, \quad \text{zwei reelle parallele Ebenen,}$$

$$\beta)\quad -\frac{z_1^2}{c_1^2} = 1, \quad \text{zwei imaginäre parallele Ebenen,}$$

b) $k = 0$ gibt sofort

$$z_1^2 = 0, \quad \text{Doppelebene.}$$

Damit ist die Klassifikation fertig und das als Hauptachsentransformation bezeichnete Verfahren der Transformation der allgemeinen Flächengleichung in eine der Normalformen angegeben. Sind bei einer Fläche zwei Hauptwerte und damit auch zwei Hauptachsen mit den halben Längen $c_i$ gleich, wobei ihre Richtungen die Eigenrichtungen sind, so ist die Fläche eine Drehfläche, deren Drehachse durch den dritten Eigenvektor gegeben ist.

So gibt I A a) und b) für $c_1 = c_2$, I A a) und c) für $c_2 = c_3$ eine Drehfläche, während I A a) für $c_1 = c_2 = c_3$ eine Kugel wird, für die jede Achse Drehachse ist. Das ist die geometrische Deutung für die Unbestimmtheit der Eigenvektoren, die bei gleichen charakteristischen Zahlen auftritt. Bei einer Drehfläche ist eben nur der Eigenvektor in der Richtung der Drehachse bestimmt, während die beiden anderen senkrecht zur Drehachse und senkrecht aufeinander beliebig angenommen werden können. Bei der Kugel $(\underset{1}{\lambda} = \underset{2}{\lambda} = \underset{3}{\lambda})$ ist jedes normierte Dreibein ein Dreibein von Eigenvektoren, die Hauptachsenrichtungen sind unbestimmt. Daher hat auch die Kugelgleichung in *jedem* rechtwinkligen Koordinatensystem die Form

$$x_1^2 + x_2^2 + x_3^2 + 2\,a_i\,x_i + a = 0.$$

Wir fügen noch einige ergänzende Bemerkungen hinzu. Wir haben den Mittelpunkt als Pol der unendlich fernen Ebene definiert. Wenn wir dann die Paraboloide und den parabolischen Zylinder als Fläche ohne Mittelpunkt bezeichnet haben, so war das nicht ganz konsequent. In der Redeweise der Geometrie sagt man lieber, daß der Mittelpunkt dann ebenfalls in der unendlich fernen Ebene, also in seiner Polarebene liegt. Dann ist aber die unendlich ferne Ebene Tangentenebene der Fläche, d. h. die Fläche berührt die unendlich ferne Ebene. Das ist der Fall bei den Paraboloiden und bei den parabolischen Zylindern.

Man kann die Klassifikation der Flächen auch anders aufbauen. Wir sind von dem Rang des Tensors $a_{ij}$ ausgegangen. Man kann aber auch von den singulären Punkten der Flächen ausgehen oder, was dasselbe ist, vom Rang der Determinante $\boldsymbol{A}$ (15, 06). Ein singulärer Punkt der Fläche genügt bekanntlich neben

$$f(x, x) = a_{ij}\,x_i\,x_j + 2\,a_i\,x_i + a = 0 \qquad (15, 01)$$

noch den Gleichungen

$$\frac{1}{2}\,\frac{\partial f(x,x)}{\partial x_i} = a_{ij}\,x_j + a_i = 0. \tag{15, 21}$$

Überschieben wir (15, 21) mit $x_i$, so folgt durch Subtraktion von (15, 01) eine vierte lineare Gleichung

$$a_i\,x_i + a = 0; \tag{15, 22}$$

aber diese vier linearen Gleichungen (15, 21) und (15, 22) sind nur verträglich, wenn $A = 0$ ist. Anderseits sind aber (15, 21) die Gleichungen für den Mittelpunkt und das Zusammenbestehen von (15, 21) und (15, 22) — und damit (15, 01) — besagt, daß ein singulärer Punkt ein auf der Fläche liegender Mittelpunkt ist. Vergleicht man ferner (15, 21) und (15, 22) mit der bilinearen Gleichung (15, 03), bzw. mit den Gleichungen (15, 05), so folgt, daß die Polarebene des singulären Punktes $x_i$ unbestimmt ist, aber da $x_i$ ein Flächenpunkt ist, ist die Polarebene die Tangentenebene in $x_i$ und wir können die singulären Punkte dadurch charakterisieren, daß in ihnen keine bestimmte Tangentialebene gegeben ist.

Je nach dem Rang des Gleichungssystems (15, 21), (15, 22) gibt es keine, eine, zwei oder drei linear unabhängige Lösungen und demgemäß

I. Reguläre Flächen ohne singulären Punkt; $A \neq 0$.
II. Singuläre Flächen; $A = 0$.
   A. Ein singulärer Punkt: Kegel[1],
      $A$ hat den Rang 3.
   B. Eine singuläre Gerade: Ebenenpaar[2],
      $A$ hat den Rang 2.
   C. Eine singuläre Ebene: Doppelebene,
      $A$ hat den Rang 1.

Die Flächen I tragen in unserer früheren Klassifikation die Nummern I A und II A; die Kegel und Zylinder II A sind unter der alten Nummer I B, II B a und III A zu finden usw.

---

[1] Einschließlich der Zylinder, bei denen der singuläre Punkt im Unendlichen liegt.

[2] Einschließlich der Paare paralleler Ebenen, bei denen die singuläre Gerade im Unendlichen liegt.

Die Unterteilung kann jetzt weiter nach dem Schnitt der Fläche mit der unendlich fernen Ebene erfolgen, der durch die Gleichung

$$\varphi(x, x) = a_{ij}\, x_i\, x_j = 0 \qquad (15, 23)$$

gegeben ist, wenn wir die homogenen Veränderlichen $x_1 : x_2 : x_3$ nicht als Punktkoordinaten, sondern als Parameter der zum betrachteten uneigentlichen Punkt weisenden Richtung auffassen. (15, 23) ist die Gleichung des Kegelschnittes $C_\infty$[1], in dem die Fläche die unendlich ferne Ebene schneidet. Bei den Flächen I A a, I A d und I B a der früheren Einteilung hat $C_\infty$ keinen reellen Punkt, wohl aber bei I A b, I A c und I B b. Bei II A a, II B a $\alpha$, II B a $\gamma$ und II B b $\alpha$ ist $C_\infty$ ein Paar imaginärer Geraden (mit reellem Schnittpunkt), bei II A b, II B a $\beta$ und II B b $\beta$ ein Paar reeller Geraden und bei sämtlichen Flächen III eine Doppelgerade.

Bei den Mittelpunktsflächen (das sind die Flächen mit einem eindeutig bestimmten Mittelpunkt) kann man die Reihenfolge der Transformationen auch umkehren und zuerst den Ursprung des Koordinatensystems durch die Parallelverschiebung

$$x_i = y_i + m_i$$

in den Mittelpunkt der Fläche verlegen, deren Gleichung dann die Form

$$\varphi(y, y) = a_{ij}\, y_i\, y_j = k \qquad (15, 24)$$

annimmt. Für $k \neq 0$ ergeben sich dann die regulären Flächen I A, für $k = 0$ die Kegel I B. Bei den ersteren kann man auch durch eine andere Fragestellung, und zwar durch eine Extremumaufgabe zu den Hauptwerten und Eigenvektoren gelangen. Wir suchen die Punkte der Fläche, die vom Mittelpunkt $y_i = 0$ extremen Abstand haben. Wir suchen also Extrema der Funktion

$$y_i\, y_i = y_1^2 + y_2^2 + y_3^2$$

unter der Nebenbedingung (15, 24). Nach LAGRANGE läßt sich diese Aufgabe auf die Bestimmung der Extrema der Funktion

$$\Phi(y_i) = y_i\, y_i - \mu\,(a_{ij}\, y_i\, y_j - k) \qquad (15, 25)$$

zurückführen. Wir bilden

$$\frac{1}{2}\frac{\partial \Phi}{\partial y_i} = y_i - \mu\, a_{ij}\, y_j = 0; \qquad (15, 26)$$

[1] Bei $C_\infty$ ist eine Unterscheidung von Ellipse und Hyperbel natürlich nicht möglich.

aus diesen Gleichungen ist $\mu$ und $y_i$ zu ermitteln; setzen wir aber $\mu = \frac{1}{\lambda}$, so gehen (15, 26) über in

$$a_{ij}\, y_j = \lambda\, y_i, \tag{15, 27}$$

unsere wohlbekannten Gleichungen (13, 33) zur Bestimmung der Hauptwerte $\lambda$ und Eigenvektoren $y_i$ des Tensors $a_{ij}$. Man kann die Aufgabe übrigens auch anders formulieren und nach den Einsvektoren $y_i$ fragen, für die $\varphi(y, y)$ ein Maximum wird. Das gibt den Lagrange-Ansatz

$$\Psi(y_i) = a_{ij}\, y_i\, y_j - \lambda\, y_i\, y_i$$

und dann durch Nullsetzen der Ableitungen wieder (15, 27)

Mit Hilfe der oben aufgestellten Normalformen können wir zum Schluß noch die Frage nach den *Erzeugenden* der Flächen zweiten Grades in aller Kürze beantworten. Erzeugende sind Gerade, die der Fläche ganz angehören. Die Frage ist völlig uninteressant bei den Flächen, die aus Ebenen bestehen. Sie ist von geringerem Interesse bei den Kegeln und Zylindern, bei denen die Existenz von Erzeugenden schon in der Definition dieser Flächen enthalten ist. Man kann aber die Erzeugenden bei den Kegeln und Zylindern in derselben Weise nachweisen, wie wir es im folgenden bei den Flächen I A und II A machen wollen.

Das einschalige Hyperboloid

$$\frac{x_1^2}{a_1^2} + \frac{x_2^2}{a_2^2} - \frac{x_3^2}{a_3^2} = 1 \tag{15, 28}$$

und das hyperbolische Paraboloid

$$\frac{x_1^2}{a_1^2} - \frac{x_2^2}{a_2^2} = 2\, x_3 \tag{15, 29}$$

besitzen zwei Scharen von reellen Erzeugenden. Schreibt man (15, 28) in der Form

$$\frac{x_1^2}{a_1^2} - \frac{x_3^2}{a_3^2} = 1 - \frac{x_2^2}{a_2^2},$$

so lassen sich linke und rechte Seite in je zwei lineare Faktoren zerlegen

$$\left(\frac{x_1}{a_1} + \frac{x_3}{a_3}\right)\left(\frac{x_1}{a_1} - \frac{x_3}{a_3}\right) = \left(1 + \frac{x_2}{a_2}\right)\left(1 - \frac{x_2}{a_2}\right); \tag{15, 30}$$

setzen wir

$$\frac{x_1}{a_1} + \frac{x_3}{a_3} = u\left(1 + \frac{x_2}{a_2}\right), \tag{15, 31}$$

so ist (15, 30) erfüllt, wenn zugleich

$$\frac{x_1}{a_1} - \frac{x_3}{a_3} = \frac{1}{u}\left(1 - \frac{x_2}{a_2}\right) \tag{15, 32}$$

ist. (15, 31) und (15, 32) sind je eine Ebene; bestehen sie zusammen, so stellen sie die Schnittgerade dar. Diese Gerade liegt aber ganz auf der Fläche, d. h. jeder Punkt des Raumes, der den Gleichungen (15, 31) und (15, 32) genügt, genügt auch der Flächengleichung (15, 28). Da (15, 31) und (15, 32) noch von dem willkürlichen Parameter $u$ abhängen, gibt es für die verschiedenen Werte von $u$ eine ganze Schar von ($\infty^1$) Erzeugenden. Die zweite Schar ergibt sich aus der zweiten möglichen Zerlegung von (15, 30), nämlich

$$\frac{x_1}{a_1} + \frac{x_3}{a_3} = v\left(1 - \frac{x_2}{a_2}\right), \quad \frac{x_1}{a_1} - \frac{x_3}{a_3} = \frac{1}{v}\left(1 + \frac{x_2}{a_2}\right).$$

Ebenso ist für (15, 29)

$$\frac{x_1}{a_1} + \frac{x_2}{a_2} = 2\,u, \qquad \frac{x_1}{a_1} - \frac{x_2}{a_2} = \frac{x_3}{u}$$

die eine und

$$\frac{x_1}{a_1} + \frac{x_2}{a_2} = v\,x_3, \qquad \frac{x_1}{a_1} - \frac{x_2}{a_2} = \frac{2}{v}$$

eine zweite Schar von Erzeugenden. Die anderen unter I A und II A angeführten Flächen besitzen keine reellen Erzeugenden, Zerlegungen ähnlich (15, 30) mit reellen Koeffizienten sind nicht möglich.

Die engen Beziehungen zwischen den Flächen zweiten Grades und den Tensoren zweiter Stufe legen die Frage nahe, ob man nicht die Flächen zweiten Grades zur Veranschaulichung der Tensoren zweiter Stufe benützen kann, wobei es sich natürlich nur um symmetrische Tensoren handeln kann, da ja die quadratische Form (14, 03) für alternierende Tensoren identisch verschwindet.

Es sei also ein symmetrischer Tensor $A_{ij}$ gegeben. Wir betrachten die quadratische Form (14, 03) und setzen

$$f(X, X) = A_{ij}\,X_i\,X_j = a. \tag{15, 33}$$

Verlegen wir die Anfangspunkte der dieser Gleichung genügenden Vektoren $X_i$ in einen festen Punkt $O$, so beschreiben ihre Endpunkte eine Mittelpunktsfläche zweiten Grades mit dem Mittelpunkt $O$. Beschränken wir uns auf die Koordinatensysteme mit dem Ursprung $O$ und lassen wir demgemäß nur Drehungen um $O$ zu, so verschwindet jeder Unterschied zwischen Vektoren und Ortsvektoren. Nach (15, 03) ist

$$f(X, Y) = A_{ij} X_i Y_j = a \tag{15, 34}$$

in laufenden Koordinaten $Y_i$ die Gleichung der Polarebene eines festen Punktes $X_i$ bezüglich der durch (15, 33) gegebenen Fläche. Der Normalenvektor dieser Ebene ist parallel zu $A_{ij} X_i$ und daher steht der dem Vektor $X_i$ durch den Tensor $A_{ij}$ zugeordnete Vektor

$$U_i = A_{ij} X_j$$

senkrecht auf der Polarebene (15, 34) des Punktes $X_i$. Dividiert man (15, 34) durch den Betrag $U$ von $U_i$, so erhält man den Abstand

$$l = \frac{a}{U}$$

der Ebene vom Ursprung. Der Betrag $U$ von $U_i$ ist somit umgekehrt proportional dem Abstand der Polarebene vom Mittelpunkt der Fläche, also

$$U = \frac{a}{l}. \tag{15, 35}$$

Liegt der Punkt $X_i$ auf der Fläche, so gilt (15, 33) und die Polarebene (15, 34) wird zur Tangentenebene der Fläche im Punkte $X_i$.

Da bei positiven Hauptwerten des Tensors $A_{ij}$ und $a > 0$ die durch (15, 33) festgelegte Fläche ein Ellipsoid ist, sagt man, daß die Zuordnung zwischen $X_i$ und $U_i$ durch das *Tensorellipsoid* vermittelt wird. Von einer Veranschaulichung des Tensors oder gar von einer Zuordnung von Tensor zu Ellipsoid, so wie zwischen Vektor und Strecke, kann man aber nicht sprechen, und auch diese Deutung zeigt, daß ein Tensor, was wir schon mehrmals hervorgehoben haben, die Eigenschaft einer Vorrichtung oder eines Mechanismus zum Ausdruck bringt. Auch im eben behandelten Fall handelt es sich ja nur um eine Art von geometrischem Mechanismus.

Man kann aber noch eine andere Frage stellen, die oft nicht ohne Interesse ist, nämlich nach dem geometrischen Ort der Endpunkte der Vektoren $U_i$, wenn die Endpunkte der Vektoren $X_i$ auf einer Kugel um den Koordinatenursprung liegen. Wir suchen also die durch

$$U_i = A_{ij} X_j$$

bestimmte Fläche, wenn die $X_i$ der Bedingung

$$X_i X_i = a > 0 \tag{15, 36}$$

genügen. Nun ist nach (13, 18)

$$X_i = A_{ij}^{(-1)} U_j$$

und daher

$$A_{ij}^{(-1)} U_j A_{ik}^{(-1)} U_k = a. \tag{15, 37}$$

Bei symmetrischen Tensoren, auf die wir uns hier beschränken, ist

$$A_{ij}^{(-1)} A_{ik}^{(-1)} = A_{ji}^{(-1)} A_{ik}^{(-1)} = A_{jk}^{(-2)} \tag{15, 38}$$

und somit

$$A_{jk}^{(-2)} U_j U_k = a. \tag{15, 39}$$

Die Endpunkte der durch Anwendung des Tensors auf alle Vektoren $X_i$, die (15, 36) genügen, gewonnenen Vektoren $U_i$ liegen auf der durch $A_{ij}^{(-2)}$ bestimmten Fläche zweiten Grades. Wir zeigen noch, daß die Eigenrichtungen von $A_{ij}^{(-2)}$ und ebenso die Hauptachsenrichtungen der Fläche so wie übrigens die Eigenrichtungen aller Tensorpotenzen mit denen des ursprünglichen Tensors $A_{ij}$ übereinstimmen.

Die Eigenrichtungen von $A_{ij}$ sind nach (13, 33) durch

$$A_{ij} X_j = \lambda X_i$$

bestimmt. Überschieben wir beiderseits mit $A_{ki}^{(-1)}$, so wird

$$A_{ki}^{(-1)} A_{ij} X_j = \lambda A_{ki}^{(-1)} X_i$$

oder

$$\delta_{kj} X_j = \lambda A_{ki}^{(-1)} X_i$$

und

$$A_{ki}^{(-1)} X_i = \frac{1}{\lambda} X_k. \tag{15, 40}$$

Wir überschieben noch einmal mit dem reziproken Tensor, so daß

$$A_{jk}^{(-1)} A_{ki}^{(-1)} X_i = \frac{1}{\lambda} A_{jk}^{(-1)} X_k$$

und mit Verwendung von (15, 40) für die rechte Seite

$$A_{ji}^{(-2)} X_i = \frac{1}{\lambda^2} X_j$$

oder

$$\left(A_{ji}^{(-2)} - \frac{1}{\lambda^2} \delta_{ij}\right) X_i = 0 \qquad (15, 41)$$

folgt.

Diese Gleichung zeigt zweierlei, nämlich erstens, daß die Hauptwerte von $A_{ij}^{(-2)}$ gleich den $(-2)$-ten Potenzen der entsprechenden Hauptwerte von $A_{ij}$ sind, und zweitens, daß die Eigenrichtungen beider Tensoren übereinstimmen, zwei Tatsachen, die sich auf dem gezeigten Weg auch für beliebige Tensorpotenzen nachweisen lassen; die Hauptwerte von $A_{ij}^{(p)}$ sind gleich den $p$-ten Potenzen der Hauptwerte $A_{ij}$.

Orientieren wir wie in (14, 05) das Koordinatensystem nach den Eigenrichtungen und legen den Radius der Kugel (15, 36) gleichzeitig mit 1 fest, so nimmt (15, 39) die Form

$$\frac{U_1^2}{\lambda_1^2} + \frac{U_2^2}{\lambda_2^2} + \frac{U_3^2}{\lambda_3^2} = 1 \qquad (15, 42)$$

an. Das heißt: *Die Endpunkte der Vektoren, die den von einem Punkt O ausgehenden Einsvektoren durch den symmetrischen Tensor $A_{ij}$ zugeordnet sind, liegen auf einer Mittelpunktsfläche zweiten Grades mit dem Mittelpunkt O, deren Hauptachsen in die Eigenrichtungen von $A_{ij}$ fallen und deren Achsenlängen mit den Hauptwerten von $A_{ij}$ übereinstimmen. Der Mittelpunkt gibt dann den Ort des Tensors an, die Eigenrichtungen bestimmen seine Lage im Raum und die Hauptwerte sind ein Maß für seine Größe.*

Diese Veranschaulichung der symmetrischen Tensoren erweckt den Wunsch nach einer ähnlichen Darstellung für alternierende Tensoren, die wir trotz der mangelnden Beziehung zu den Flächen zweiten Grades hier noch anschließen wollen. Nach (13, 08) läßt sich der alternierende Tensor $A_{ij}$ durch

$$A_{ij} = \varepsilon_{ijk} A_k$$

darstellen, wobei $A_k$ der Vektor des Tensors ist. Für den Vektor $U_i$ gilt dann

$$U_i = A_{ij} X_j = \varepsilon_{ijk} X_j A_k; \qquad (15,43)$$

d. h.: *Den von einem Punkt ausgehenden Einsvektoren werden durch einen alternierenden Tensor Vektoren zugeordnet, die in einer zum Vektor des Tensors senkrechten Ebene liegen und die aus den Projektionen der Einsvektoren auf diese Ebene durch Drehung durch 90° und Multiplikation mit dem Betrag des Vektors des Tensors entstehen.*

### Aufgaben

Für die durch die folgenden Gleichungen bestimmten Flächen ist die Art der Fläche, (sofern vorhanden) der Mittelpunkt, die Achsenrichtungen und die Länge der Halbachsen anzugeben:

1. $z_2 z_3 + z_1 z_3 + z_1 z_2 = 1$.
2. $z_1 z_2 = z_3^2$.
3. $6 z_1^2 + 28 z_2^2 + 5 z_3^2 - 8 z_1 z_2 - 4 z_1 z_3 - 6 = 0$.
4. $4 z_1^2 - 9 z_3^2 + 8 z_1 - 4 z_2 + 36 z_3 - 32 = 0$.
5. $z_1^2 + z_2^2 + z_3^2 - 2 z_2 z_3 + 2 z_1 z_3 - 2 z_1 z_2 - z_1 - z_2 - z_3 = 0$.

## Anhang

# Lösungen der Aufgaben

### § 2

Es ist

$$A_i = y_i - x_i,$$

daher

$$A_1 = 0 - 1 = -1,$$

$$A_2 = 1 - 0 = 1,$$

$$A_3 = 0 - 0 = 0,$$

also

$$A_i = (-1, 1, 0).$$

Wegen (2, 02) ist

$$\bar{x}_i = x_i - b_i$$

und daher

$$\bar{x}_1 = 1 - 2 = -1,$$

$$\bar{x}_2 = 0 - 3 = -3,$$

$$\bar{x}_3 = 0 - 1 = -1.$$

Ebenso

$$\bar{y}_1 = 0 - 2 = -2,$$

$$\bar{y}_2 = 1 - 3 = -2,$$

$$\bar{y}_3 = 0 - 1 = -1$$

und mit

$$\bar{A}_i = \bar{y}_i - \bar{x}_i$$

$$\bar{A}_1 = -2 + 1 = -1$$

$$\bar{A}_2 = -2 + 3 = +1,$$

$$\bar{A}_3 = -1 + 1 = 0,$$

also

$$\bar{A}_i = A_i.$$

## § 3

1. Ist das Viereck durch die Punkte $A_i$, $B_i$, $C_i$ und $D_i$ gegeben, so bestimmen die Mittelpunkte der Seiten $\frac{1}{2}(A_i + B_i)$, $\frac{1}{2}(B_i + C_i)$, $\frac{1}{2}(C_i + D_i)$, $\frac{1}{2}(A_i + D_i)$ ein Viereck, in welchem je zwei gegenüberliegende Seiten durch denselben Vektor dargestellt werden. Denn es ist (Abb. 27):

$$\frac{1}{2}(A_i + D_i) - \frac{1}{2}(C_i + D_i) = \frac{1}{2}(A_i + B_i) - \frac{1}{2}(B_i + C_i),$$

$$\frac{1}{2}(A_i + B_i) - \frac{1}{2}(A_i + D_i) = \frac{1}{2}(B_i + C_i) - \frac{1}{2}(C_i + D_i).$$

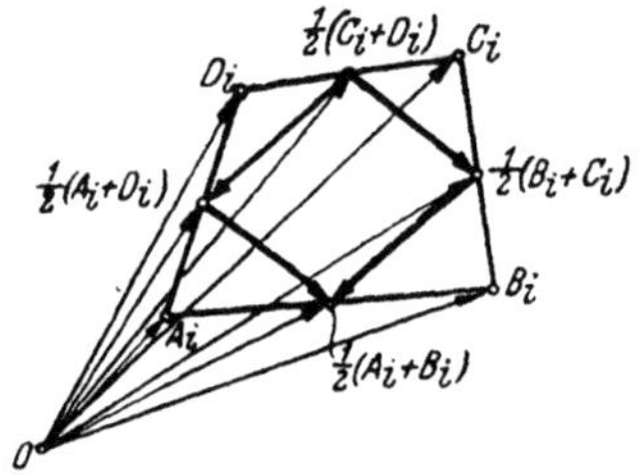


Abb. 27

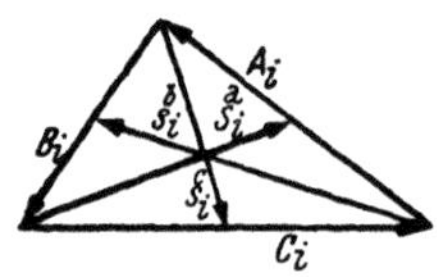


Abb. 28

2. Es ist nachzuweisen, daß für die Vektoren der Schwerlinien in einem Dreieck die Relation besteht: $\overset{a}{S}_i + \overset{b}{S}_i + \overset{c}{S}_i = 0$ (Abb. 28). Aus den Vektoren der Seiten des Dreiecks $A_i$, $B_i$, $C_i$ erhält man:

$$\overset{a}{S}_i = C_i + \frac{1}{2} A_i, \quad \overset{b}{S}_i = A_i + \frac{1}{2} B_i, \quad \overset{c}{S}_i = B_i + \frac{1}{2} C_i.$$

Addition ergibt:

$$\overset{a}{S}_i + \overset{b}{S}_i + \overset{c}{S}_i = \frac{3}{2}(A_i + B_i + C_i);$$

wegen

$$A_i + B_i + C_i = 0$$

ist auch

$$\overset{a}{S}_i + \overset{b}{S}_i + \overset{c}{S}_i = 0,$$

was zu beweisen war.

## § 4

1. Die Vektoren $A_i$, $B_i$, $C_i$ sind komplanar, wenn sie linear abhängig sind, also die Relation besteht

$$\lambda A_i + \mu B_i + \nu C_i = 0,$$

wobei $\lambda$, $\mu$, $\nu$ nicht alle gleich Null sind. Es ist die Determinante

$$\begin{vmatrix} A_1 & A_2 & A_3 \\ B_1 & B_2 & B_3 \\ C_1 & C_2 & C_3 \end{vmatrix} = \begin{vmatrix} 2 & -1 & -2 \\ 6 & -3 & 1 \\ -2 & 1 & -5 \end{vmatrix} = 0,$$

das Gleichungssystem

$$2\lambda + 6\mu - 2\nu = 0,$$
$$-\lambda - 3\mu + \nu = 0,$$
$$-2\lambda + \mu - 5\nu = 0$$

hat die nicht triviale Lösung $\lambda : \mu : \nu = -2 : 1 : 1$; es ist also

$$-2 A_i + B_i + C_i = 0.$$

2. Die Vektoren $A_i$, $B_i$ und $C_i$ sind komplanar und daher ist

$$\lambda A_i + \mu B_i + \nu C_i = 0.$$

Die Vektoren $B_i - A_i$ und $C_i - B_i$ sind kollinear, also

$$\varkappa (B_i - A_i) = C_i - B_i$$

oder

$$-\varkappa A_i + (1 + \varkappa) B_i - C_i = 0.$$

Somit ist

$$\lambda = -\varkappa, \quad \mu = 1 + \varkappa, \quad \nu = -1$$

und daher

$$\lambda + \mu + \nu = 0.$$

3. Zwischen vier Vektoren des Raumes besteht eine Beziehung

$$\lambda_1 A_i + \lambda_2 B_i + \lambda_3 C_i + \lambda_4 D_i = 0,$$

also ist

$$3\lambda_1 + \lambda_3 + \lambda_4 = 0,$$
$$\lambda_1 + \lambda_2 - \lambda_3 = 0,$$
$$-4\lambda_1 + 2\lambda_2 + 2\lambda_3 + 3\lambda_4 = 0.$$

Daraus folgt $\lambda_1 : \lambda_2 : \lambda_3 : \lambda_4 = 1 : 14 : 15 : -18$ und

$$A_i + 14 B_i + 15 C_i - 18 D_i = 0.$$

## § 5

1. $A_i = (0, 0, 0)$, $B_i = (a, 0, 0)$, $C_i = \left(\frac{a}{2}, \frac{a}{2}\sqrt{3}, 0\right)$, $D_i = \left(\frac{a}{2}, \frac{a}{6}\sqrt{3}, \frac{a}{3}\sqrt{6}\right)$.

2. Setzt man $b = \frac{a}{2\sqrt{2}}$, so sind die beiden Lösungen (Abb. 29)

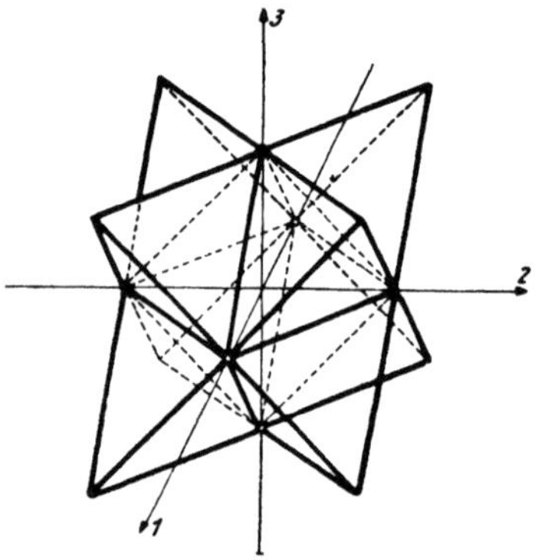

Abb. 29

a) $A_i = (b, b, b)$,
$B_i = (-b, b, -b)$,
$C_i = (-b, -b, b)$,
$D_i = (b, -b, -b)$.

b) $A_i' = (-b, -b, -b)$,
$B_i' = (b, -b, b)$,
$c_i' = (b, b, -b)$,
$D_i' = (-b, b, b)$.

3. $\cos\alpha_i \cos\alpha_i = 1$; es ist $\alpha_i = \alpha$, also $3\cos^2\alpha = 1$, $\alpha = 54^\circ 43'$.

4. Bilden die Vektoren $A_i$ und $B_i$ die Seiten des Parallelogramms, so ist die Summe der Quadrate der Diagonalen

$$D'^2 + D''^2 = (A_i + B_i)^2 + (B_i - A_i)^2 = A^2 + 2A_iB_i + B^2 + A^2 - 2A_iB_i + B^2 = 2(A^2 + B^2).$$

5. Stellt man die Strecken $AP$, $BP$, $CP$, $SP$ durch die Vektoren $P_i - A_i$, $P_i - B_i$, $P_i - C_i$, $P_i - S_i$ dar, so erhält man mit Verwendung der Beziehung $S_i = \frac{1}{3}(A_i + B_i + C_i)$:

$$(P_i - A_i)^2 + (P_i - B_i)^2 + (P_i - C_i)^2 - 3(P_i - S_i)^2 = A^2 + B^2 + C^2 - 3S^2 = \frac{2}{3}(A^2 + B^2 + C^2 - A_iB_i - A_iC_i - B_iC_i);$$

dieser Ausdruck hängt vom Vektor $P_i$ nicht mehr ab.

## § 6

1. Stellt man den Würfel so, daß drei seiner Kanten in die positiven Koordinatenachsen fallen, dann stellen die Vektoren

$D_i' = (a, 0, a)$ und $D_i'' = (0, a, a)$ zwei von derselben Ecke ausgehende Flächendiagonalen dar. Für den von ihnen eingeschlossenen Winkel gilt

$$\cos\alpha = \frac{D_i' D_i''}{D' D''} = \frac{a^2}{2a^2} = \frac{1}{2},$$

also ist

$$\alpha = 60°.$$

2. Stellt man den Würfel so wie in Aufgabe 1, so ist

$$D_i' = (a, a, a), \qquad D_i'' = (a, -a, a),$$

daher

$$\cos\alpha = \frac{D_i' D_i''}{D' D''} = \frac{a^2}{3a^2} = \frac{1}{3}$$

und

$$\alpha = 70° \, 32'.$$

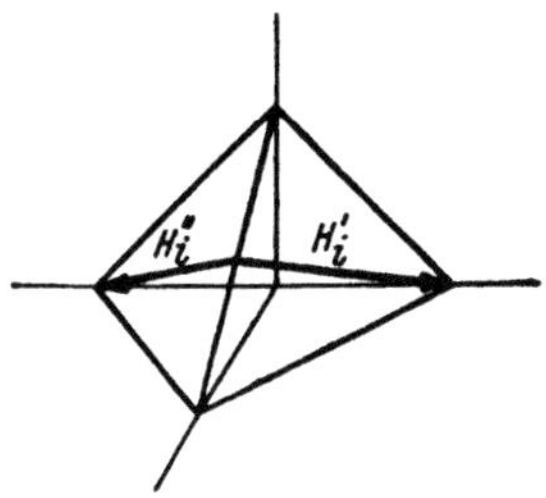

Abb. 30

3. Stellt man das Oktaeder mit den Diagonalen parallel zu den Koordinatenachsen (Abb. 30), so sind die Vektoren ($a$ ist die halbe Diagonale)

$$H_i' = \left(-\frac{a}{2}, a, -\frac{a}{2}\right) \text{ und } H_i'' = \left(-\frac{a}{2}, -a, -\frac{a}{2}\right)$$

zwei auf dieselbe Kante senkrechte Flächenhöhen. Für den von ihnen eingeschlossenen Winkel $\alpha$ gilt

$$\cos\alpha = \frac{H_i' H_i''}{H' H''} = -\frac{1}{3},$$

also

$$\alpha = 109° \, 28'.$$

4. Stellt man das Tetraeder so, daß ein Eckpunkt in den Ursprung fällt, eine Kante in die $x$-Achse, eine Fläche in den 1. Quadranten der $x\,y$-Ebene, so sind die Eckpunkte gegeben durch:

$$A_i = (0, 0, 0), \; B_i = (a, 0, 0), \; C_i = \left(\frac{a}{2}, \; \frac{a}{2}\sqrt{3}, \; 0\right),$$

$$D_i = \left(\frac{a}{2}, \; \frac{a}{6}\sqrt{3}, \; \frac{a}{3}\sqrt{6}\right),$$

der Mittelpunkt der Höhe ist $M_i = \left(\frac{a}{2}, \frac{a}{6}\sqrt{3}, \frac{a}{6}\sqrt{6}\right)$.

Die Verbindungslinien des Mittelpunktes der Höhe mit den Eckpunkten $A_i$, $B_i$, $C_i$ sind durch die Vektoren gegeben:

$$M_i - A_i = \left(\frac{a}{2}, \frac{a}{6}\sqrt{3}, \frac{a}{6}\sqrt{6}\right),$$

$$M_i - B_i = \left(-\frac{a}{2}, \frac{a}{6}\sqrt{3}, \frac{a}{6}\sqrt{6}\right),$$

$$M_i - C_i = \left(0, -\frac{a}{3}\sqrt{3}, \frac{a}{6}\sqrt{6}\right).$$

Man findet:

$$(M_i - A_i)(M_i - B_i) = 0, \text{ d. h. } (M_i - A_i) \perp (M_i - B_i),$$

$$(M_i - A_i)(M_i - C_i) = 0, \text{ d. h. } (M_i - A_i) \perp (M_i - C_i),$$

$$(M_i - B_i)(M_i - C_i) = 0, \text{ d. h. } (M_i - B_i) \perp (M_i - C_i).$$

5. Es seien die Eckpunkte wie in Aufgabe 4:

$$A_i = (0, 0, 0), \quad B_i = (a, 0, 0), \quad C_i = \left(\frac{a}{2}, \frac{a}{2}\sqrt{3}, 0\right),$$

$$D_i = \left(\frac{a}{2}, \frac{a}{6}\sqrt{3}, \frac{a}{3}\sqrt{6}\right),$$

dann sind die Mittelpunkte der Kanten:

$$\frac{1}{2}(A_i + D_i) = \left(\frac{a}{4}, \frac{a}{12}\sqrt{3}, \frac{a}{6}\sqrt{6}\right),$$

$$\frac{1}{2}(B_i + D_i) = \left(\frac{3a}{4}, \frac{a}{12}\sqrt{3}, \frac{a}{6}\sqrt{6}\right),$$

$$\frac{1}{2}(C_i + D_i) = \left(\frac{a}{2}, \frac{a}{3}\sqrt{3}, \frac{a}{6}\sqrt{6}\right),$$

$$\frac{1}{2}(B_i + C_i) = \left(\frac{3a}{4}, \frac{a}{4}\sqrt{3}, 0\right),$$

$$\frac{1}{2}(C_i + A_i) = \left(\frac{a}{4}, \frac{a}{4}\sqrt{3}, 0\right),$$

$$\frac{1}{2}(A_i + B_i) = \left(\frac{a}{2}, 0, 0\right).$$

Die Verbindungslinien der Mittelpunkte der Gegenkanten sind durch die Vektoren dargestellt:

$$M_i' = \frac{1}{2}(A_i + D_i) - \frac{1}{2}(B_i + C_i) = \left(-\frac{a}{2}, -\frac{a}{6}\sqrt{3}, \frac{a}{6}\sqrt{6}\right),$$

$$M_i'' = \frac{1}{2}(B_i + D_i) - \frac{1}{2}(C_i + A_i) = \left(\frac{a}{2}, -\frac{a}{6}\sqrt{3}, \frac{a}{6}\sqrt{6}\right),$$

$$M_i''' = \frac{1}{2}(C_i + D_i) - \frac{1}{2}(A_i + B_i) = \left(0, \frac{a}{3}\sqrt{3}, \frac{a}{6}\sqrt{6}\right).$$

Es ist

$$M_i' M_i'' = 0, \text{ d. h. } M_i' \perp M_i'',$$
$$M_i' M_i''' = 0, \text{ d. h. } M_i' \perp M_i''',$$
$$M_i'' M_i''' = 0, \text{ d. h. } M_i'' \perp M_i'''.$$

## § 7

1. Es besteht die Relation (Abb. 31)

$$\lambda (A_i + B_i) - \mu \left(\frac{1}{2} B_i - A_i\right) = A_i$$

oder

$$A_i (\lambda + \mu - 1) + B_i \left(\lambda - \frac{1}{2} \mu\right) = 0$$

nur, wenn $\lambda + \mu = 1$ und $\lambda - \frac{1}{2}\mu = 0$ ist. Also ist $\lambda = \frac{1}{3}$, was zu beweisen war.

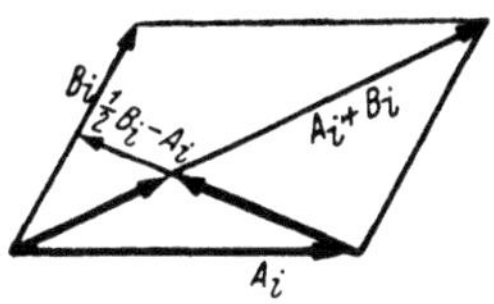


Abb. 31

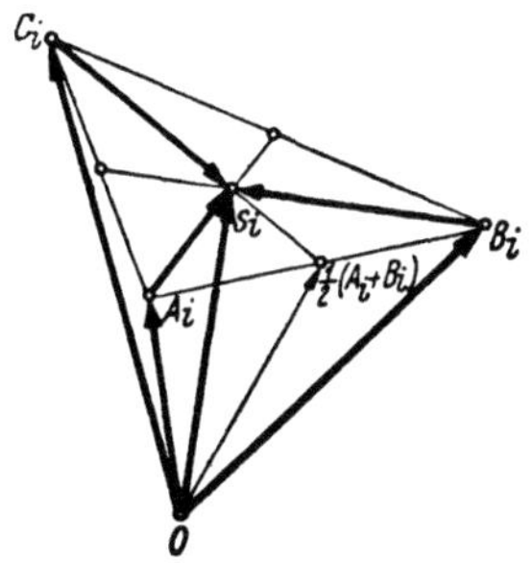


Abb. 32

2. Für den Schwerpunkt (Schnittpunkt der Schwerlinien) bestehen die Gleichungen (Abb. 32)

$$S_i = A_i + \lambda \left[\frac{1}{2}(B_i + C_i) - A_i\right] = B_i + \mu \left[\frac{1}{2}(A_i + C_i) - B_i\right] =$$
$$= C_i + \nu \left[\frac{1}{2}(A_i + B_i) - C_i\right].$$

Der Vergleich der Koeffizienten von $A_i$, $B_i$ und $C_i$ ergibt die Relation für $\lambda$, $\mu$ und $\nu$:

$$1 - \lambda = \frac{1}{2}\mu = \frac{1}{2}\nu,$$
$$\frac{1}{2}\lambda = 1 - \mu = \frac{1}{2}\nu,$$
$$\frac{1}{2}\lambda = \frac{1}{2}\mu = 1 - \nu,$$

d. h.

$$\lambda = \mu = \nu = \frac{2}{3}.$$

Die Gleichungen für $\lambda$, $\mu$ und $\nu$ sind also lösbar, daher gehen alle Schwerlinien durch den Schwerpunkt und dieser teilt sie im Verhältnis 1 : 2.

3. Die vier Seiten des Trapezes seien $a_i$, $b_i$, $\lambda b_i$, $a_i + \lambda b_i - b_i$; seine Diagonalen sind dann $a_i + \lambda b_i$ und $a_i - b_i$. Für ihren Schnittpunkt $c_i$ gilt

$$x (a_i + \lambda b_i) = b_i + y (a_i - b_i),$$

woraus

$$x = y = \frac{1}{\lambda + 1} \quad \text{und} \quad c_i = \frac{a_i + \lambda b_i}{\lambda + 1}$$

folgt. Die Parallele zu $b_i$ durch $c_i$ schneidet die erste und vierte Seite in den Punkten

$$p_i = \frac{a_i}{\lambda + 1} \quad \text{und} \quad q_i = b_i + \frac{a_i + \lambda b_i - b_i}{\lambda + 1}.$$

Für ihren Mittelpunkt erhält man $\frac{1}{2} (p_i + q_i) = c_i$, was zu beweisen war.

4. Das Dreieck (Abb. 33) ist rechtwinkelig und daher

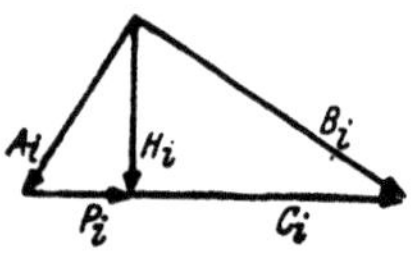

Abb. 33

$$A_i B_i = 0,$$

ferner ist

$$(A_i - B_i) H_i = 0.$$

Setzt man (§ 4, Aufgabe 2)

$$H_i = \mu A_i + \nu B_i, \text{ wobei } \mu + \nu = 1,$$

so erhält man aus

$$\mu A^2 - \nu B^2 = 0,$$

$$\mu = \frac{B^2}{A^2 + B^2}, \qquad \nu = \frac{A^2}{A^2 + B^2}$$

und damit

$$H_i = \frac{B^2}{A^2 + B^2} A_i + \frac{A^2}{A^2 + B^2} B_i.$$

5. Sind $A_i$, $B_i$, $C_i$ die Eckpunkte des Dreiecks, so werden die Seiten durch die Vektoren $C_i - B_i$, $A_i - C_i$, $B_i - A_i$ gebildet. Sei $H_i$ der Schnittpunkt zweier Höhen, etwa auf die Seiten

$C_i - B_i$ und $A_i - C_i$, dann sind die Richtungen dieser Höhen durch die Vektoren $H_i - A_i$ und $H_i - B_i$ gegeben und es ist

$$(H_i - A_i)(C_i - B_i) = 0,$$

$$(H_i - B_i)(A_i - C_i) = 0.$$

Es ist zu zeigen: $(H_i - C_i)(B_i - A_i) = 0$, d. h. daß auch die Höhe auf die Seite $B_i - A_i$ durch $H_i$ geht.

Schreibt man die beiden ersten Gleichungen in der Form

$$H_i(C_i - B_i) = A_i C_i - A_i B_i,$$

$$H_i(A_i - C_i) = A_i B_i - B_i C_i,$$

so folgt durch Addition

$$H_i(A_i - B_i) = C_i(A_i - B_i),$$

d. h.

$$(H_i - C_i)(B_i - A_i) = 0.$$

6. Die Mittelpunkte der Seiten des Dreiecks mit den Eckpunkten $A_i$, $B_i$, $C_i$ sind $\frac{1}{2}(A_i + B_i)$, $\frac{1}{2}(B_i + C_i)$, $\frac{1}{2}(A_i + C_i)$, die Dreieckseiten werden durch die Vektoren $B_i - A_i$, $C_i - B_i$, $A_i - C_i$ gebildet. Sei $S_i$ der Schnittpunkt zweier Seitensymmetralen, so ist

$$\left[S_i - \frac{1}{2}(B_i + C_i)\right](C_i - B_i) = 0,$$

$$\left[S_i - \frac{1}{2}(A_i + C_i)\right](A_i - C_i) = 0$$

oder

$$S_i(C_i - B_i) = \frac{1}{2}(C_i C_i - B_i B_i),$$

$$S_i(A_i - C_i) = \frac{1}{2}(A_i A_i - C_i C_i),$$

durch Addition folgt

$$S_i(A_i - B_i) = \frac{1}{2}(A_i A_i - B_i B_i)$$

oder

$$\left[S_i - \frac{1}{2}(A_i + B_i)\right](A_i - B_i) = 0,$$

d. h.

$$\left[S_i - \frac{1}{2}(A_i + B_i)\right] \perp (B_i - A_i),$$

auch die Symmetrale der Seite $B_i - A_i$ geht durch $S_i$.

7. Drei Symmetrieebenen haben einen Punkt $S_i$ gemeinsam. Es ist zu zeigen, daß auch die drei übrigen Symmetrieebenen durch $S_i$ gehen. Stellen die Vektoren $A_i$, $B_i$, $C_i$ drei von demselben Eckpunkt ausgehende Kanten dar, so werden die drei restlichen Kanten durch die Vektoren $B_i - C_i$, $C_i - A_i$ und $A_i - B_i$ gebildet und die Mittelpunkte dieser Kanten sind: $\frac{1}{2}(B_i + C_i)$, $\frac{1}{2}(C_i + A_i)$, $\frac{1}{2}(A_i + B_i)$. Sei $S_i$ der Schnittpunkt der Symmetrieebenen der Kanten $A_i$, $B_i$, $C_i$, dann ist:

$$\left(S_i - \frac{1}{2} A_i\right) A_i = 0 \quad \text{oder} \quad S_i A_i = \frac{1}{2} A_i A_i,$$

$$\left(S_i - \frac{1}{2} B_i\right) B_i = 0 \quad \quad S_i B_i = \frac{1}{2} B_i B_i,$$

$$\left(S_i - \frac{1}{2} C_i\right) C_i = 0 \quad \quad S_i C_i = \frac{1}{2} C_i C_i,$$

durch Subtraktion folgen die Gleichungen:

$$S_i (B_i - C_i) = \frac{1}{2} (B_i B_i - C_i C_i),$$

$$S_i (C_i - A_i) = \frac{1}{2} (C_i C_i - A_i A_i),$$

$$S_i (A_i - B_i) = \frac{1}{2} (A_i A_i - B_i B_i)$$

der

$$\left[S_i - \frac{1}{2} (B_i + C_i)\right] (B_i - C_i) = 0,$$

$$\left[S_i - \frac{1}{2} (C_i + A_i)\right] (C_i - A_i) = 0,$$

$$\left[S_i - \frac{1}{2} (A_i + B_i)\right] (A_i - B_i) = 0,$$

d. h.

$$\left[S_i - \frac{1}{2} (B_i + C_i)\right] \perp (B_i - C_i),$$

$$\left[S_i - \frac{1}{2} (C_i + A_i)\right] \perp (C_i - A_i),$$

$$\left[S_i - \frac{1}{2} (A_i + B_i)\right] \perp (A_i - B_i).$$

Der Punkt $S_i$ ist den Symmetrieebenen der sechs Kanten gemeinsam.

8. $(x_i - m_i)(x_i - m_i) = (p_i - m_i)(p_i - m_i)$.

Speziell: $(x_i - 1)^2 + (x_2 - 2)^2 + (x_3 - 1)^2 = 9$.

9. $x_i = m_i + b_i v$.

10. Die Projektion des Ortsvektors $p_i$ auf die Normale der Ebene ist (Abb. 34)

$$p' = d + l,$$

wobei $l$ die Länge des Lotes des Punktes $p_i$ auf die Ebene bezeichnet. Anderseits ist

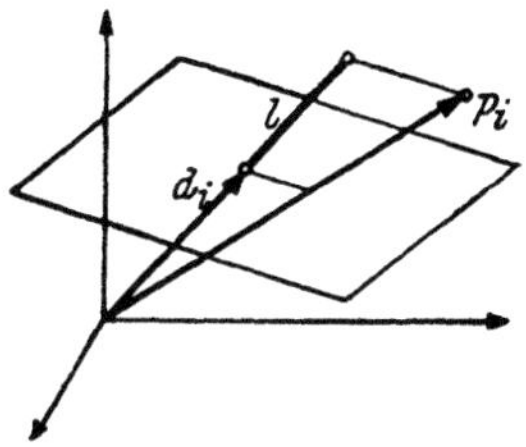


Abb. 34

$$p' = p_i e_i = p_i \cos \alpha_i,$$

wobei $e_i = \cos \alpha_i = \frac{d_i}{d}$ der Einsvektor in der Richtung $d_i$ ist. Daher erhält man für das Lot

$$l = p_i \cos \alpha_i - d.$$

Es wurde dabei dem Lot dieselbe Orientierung erteilt wie dem Vektor $d_i$. Es ist daher $l > 0$, wenn $p_i$ und der Ursprung auf verschiedenen Seiten der Ebene liegen, $l < 0$, wenn $p_i$ und der Ursprung auf derselben Seite der Ebene liegen. Für die Punkte $x_i$ der Ebene ist $l = 0$ und daher die Gleichung der Ebene:

$$x_i \cos \alpha_i = d$$

(Normalform der Gleichung der Ebene) oder

$$x_i e_i = d.$$

Setzt man

$$\lambda e_i = a_i,$$

so ist

$$x_i a_i = c$$

die Gleichung der Ebene, wobei $a_i$ einen auf die Ebene senkrechten Vektor bezeichnet. Ist $a_i$ der Einsvektor in der Normalenrichtung, dann ist $c$ der Abstand der Ebene vom Ursprung.

Für die speziellen Werte erhält man

$$l = \frac{2 - 5 + 3}{\sqrt{3}} - 6 = -6$$

und die Normalform der Ebenengleichung

$$\frac{x_1}{\sqrt{3}} + \frac{x_2}{\sqrt{3}} + \frac{x_3}{\sqrt{3}} = 6.$$

11. Die Normalform der Ebenengleichung ist

$$x_i \frac{a_i}{a} = \frac{c}{a};$$

also wird

$$l = \frac{p_i a_i - c}{a}.$$

Speziell:

$$l = \sqrt{13}.$$

12. Bezeichnet $x_i$ einen beliebigen Punkt der Ebene, dann ist $x_i - p_i$ ein Vektor, der in der Ebene liegt, also

$$(x_i - p_i)\, b_i = 0$$

oder

$$x_i\, b_i = p_i\, b_i = c$$

die Ebenengleichung.

Speziell:

$$3\, x_1 + 5\, x_2 + 4\, x_3 = 50.$$

13. Es ist $\frac{x_i a_i}{a} = \frac{c}{a}$ die Normalform der gegebenen Ebene. Die Abstände der gesuchten Ebenen vom Ursprung sind dann $\frac{c}{a} \pm p$, so daß die gesuchten Gleichungen

$$\frac{x_i a_i}{a} = \frac{c}{a} \pm p$$

(Normalform) oder

$$x_i\, a_i = c \pm a\, p$$

lauten.

14. Ist der Abstand der Ebenen vom Ursprung durch den Vektor $d_i$ mit der festen Länge $d$ und den variablen Richtungswinkeln $\alpha_i$ gegeben, dann ist

$$\cos \alpha_1 = \frac{d}{a}, \quad \cos \alpha_2 = \frac{d}{b}, \quad \cos \alpha_3 = \frac{d}{c}.$$

Aus

$$\cos \alpha_i \cos \alpha_i = \frac{d^2}{a^2} + \frac{d^2}{b^2} + \frac{d^2}{c^2} = 1$$

folgt sofort

$$\frac{1}{a_2} + \frac{1}{b^2} + \frac{1}{c^2} = \frac{1}{d^2} = \text{const.}$$

15. Sind die Koordinaten des Schnittpunktes

$$x_i^{(s)} = a_i + b_i u_s,$$

so erhält man aus

$$(a_i + b_i u_s) p_i = c$$

den Wert

$$u_s = \frac{c - a_i p_i}{b_k p_k}$$

des Parameters im Schnittpunkt und damit

$$x_i^{(s)} = a_i + \frac{c - a_j p_j}{b_k p_k} b_i.$$

Für den Winkel zwischen der Geraden $g$ und der Ebene $\varepsilon$ gilt

$$\sin(\sphericalangle\, g\, \varepsilon) = \cos(\sphericalangle\, g\, p) = \frac{b_i p_i}{b\, p}.$$

Speziell:

$$u_s = \frac{10}{3}, \quad x_i^{(s)} = \left(-9, -\frac{44}{3}, \frac{10}{3}\right).$$

$$\sin(\sphericalangle\, g\, \varepsilon) = \sqrt{\frac{3}{35}} = 0{,}29312, \quad \sphericalangle\, g\, \varepsilon = 17^\circ\, 3'.$$

16. Das Ebenenbüschel durch die Schnittlinie wird durch die Gleichung dargestellt ($p, q, r$ statt $k_1, k_2, k_3$)

$$x_i a_i - p + \lambda (x_i b_i - q) = 0$$

oder

$$x_i (a_i + \lambda b_i) = p + \lambda q.$$

Es ist der Wert von $\lambda$ für jene Ebene des Büschels zu bestimmen, die auf die Ebene $x_i c_i = r$ senkrecht steht. Dann sind auch die Normalvektoren der beiden Ebenen aufeinander senkrecht, es ist also

$$(a_i + \lambda b_i) c_i = 0$$

und daher

$$\lambda = -\frac{a_i c_i}{b_k c_k}.$$

Die Gleichung der gesuchten Ebene lautet

$$x_i \left(a_i - \frac{a_j c_j}{b_k c_k} b_i\right) = p - \frac{a_i c_i}{b_k c_k} q.$$

Speziell:

$$\lambda = -2,$$

$$x_1 - 2 x_2 + x_3 + 4 = 0.$$

17. Die Parameterdarstellung der Schnittlinie sei

$$x_i = p_i + s_i t.$$

Für $p_i$ als Punkt der Schnittlinie gelten die Gleichungen

$$5 p_1 - 7 p_2 + 2 p_3 = 1,$$

$$p_i + 2 p_2 + 4 p_3 = 9,$$

also ist z. B.

$$p_i = \left(1,\ 1,\ \frac{3}{2}\right).$$

Der die Richtung der Schnittlinie bestimmende Vektor $s_i$ gehört als solcher beiden Ebenen an und steht also senkrecht auf deren Normalrichtungen $n_1 = (5, -7, 2)$ und $n_2 = (1, 2, 4)$. Es ist daher

$$5 s_1 - 7 s_2 + 2 s_3 = 0,$$

$$s_1 + \quad s_2 + 4 s_3 = 0,$$

also z. B.

$$s_i = (32, 18, -17).$$

18. Das Koordinatensystem ist zweckmäßig so zu wählen, daß die 3-Achse in das gemeinsame Lot der beiden Geraden und der Ursprung in dessen Mittelpunkt fällt. Die Gleichungen der Geraden sind dann

$$x_i = p_i + a_i u, \quad y_i = -p_i + b_i v,$$

wobei

$$p_i = (0, 0, p), \quad a_i = (a_1, a_2, 0), \quad b_i = (b_1, b_2, 0).$$

Dabei nehmen wir $a_1 b_2 - a_2 b_1 \neq 0$ an, da sonst die Vektoren $a_i$ und $b_i$ und damit auch die beiden Geraden parallel wären. Der Ort des Mittelpunktes $\xi_i$ der Strecke von der Länge $2c$ ist:

$$\xi_i = \frac{1}{2}(x_i + y_i) = \frac{1}{2}(a_i u + b_i v)$$

(es ist dabei $\xi_3 = 0$) mit der Bedingung

$$(x_i - y_i)(x_i - y_i) = (a_i u - b_i v + 2 p_i)(a_i u - b_i v + 2 p_i) = 4 c^2$$

oder wegen $a_i p_i = b_i p_i = 0$

$$a^2 u^2 + b^2 v^2 - 2 a_i b_i u v = 4 (c^2 - p^2). \qquad (A)$$

Faßt man $u$ und $v$ als schiefwinkelige Koordinaten auf, so ist die obige Beziehung

$$\xi_i = \frac{1}{2}(a_i u + b_i v)$$

eine affine Transformation in der (1, 2)-Ebene. In den Koordinaten $u$, $v$ ist ($A$) eine Ellipse, denn es ist

$$a^2 b^2 - (a_i b_i)^2 = (a_1^2 + a_2^2)(b_1^2 + b_2^2) - (a_1 b_1 + a_2 b_2)^2 =$$

$$= (a_1 b_2 - a_2 b_1)^2 > 0.$$

Infolge des affinen Zusammenhanges stellt auch die Gleichung in den $\xi_i$ eine Ellipse dar. Sind die gegebenen Geraden orthogonal, so ist $a_i b_i = 0$ und da von vornherein $a = b$ gewählt werden kann, stellt ($A$) dann einen Kreis dar. Die affine Transformation ist in diesem Fall orthogonal.

## § 8

Nach (7, 11) ist die Projektion $\overset{1}{a}_i$ eines Vektors $a_i$ auf eine gegebene Ebene mit dem normierten Normalenvektor $e_i$

$$\overset{1}{a}_i = a_i - a_j e_j e_i.$$

Der die Zuordnung der Vektoren $a_i$ und $\overset{1}{a}_i$ vermittelnde Tensor ist demnach

$$A_{ij} = \delta_{ij} - e_i e_j.$$

## § 9

1. Die Orthogonalitätsrelationen geben die Gleichungen

$$x^2 + y^2 + z^2 = 1,$$

$$\frac{\sqrt{2}}{4} x - \frac{\sqrt{2}}{2} y - \frac{\sqrt{6}}{4} z = 0,$$

$$\frac{\sqrt{2}}{4} x + \frac{\sqrt{2}}{2} y - \frac{\sqrt{6}}{4} z = 0,$$

als

$$x_{1,2} = \pm \frac{\sqrt{3}}{2}, \quad y = 0, \quad z_{1,2} = \pm \frac{1}{2}$$

und

a)

$$\begin{vmatrix} \frac{\sqrt{2}}{4} & -\frac{\sqrt{2}}{2} & -\frac{\sqrt{6}}{4} \\ \frac{\sqrt{2}}{4} & \frac{\sqrt{2}}{2} & -\frac{\sqrt{6}}{4} \\ \frac{\sqrt{3}}{2} & 0 & \frac{1}{2} \end{vmatrix} = +1.$$

b)

$$\begin{vmatrix} \frac{\sqrt{2}}{4} & -\frac{\sqrt{2}}{2} & -\frac{\sqrt{6}}{4} \\ \frac{\sqrt{2}}{4} & \frac{\sqrt{2}}{2} & -\frac{\sqrt{6}}{4} \\ -\frac{\sqrt{3}}{2} & 0 & -\frac{1}{2} \end{vmatrix} = -1.$$

Ad a):

$$x_i = a_{ij}\,\bar{x}_j$$

$$x_1 = \frac{\sqrt{2}}{4}\,\bar{x}_1 - \frac{\sqrt{2}}{2}\,\bar{x}_2 - \frac{\sqrt{6}}{4}\,\bar{x}_3,$$

$$x_2 = \frac{\sqrt{2}}{4}\,\bar{x}_1 + \frac{\sqrt{2}}{2}\,\bar{x}_2 - \frac{\sqrt{6}}{4}\,\bar{x}_3,$$

$$x_3 = \frac{\sqrt{3}}{2}\,\bar{x}_1 \qquad + \frac{1}{2}\,\bar{x}_3,$$

$$\bar{x}_j = a_{ij}\,x_i$$

$$\bar{x}_1 = \frac{\sqrt{2}}{4}\,x_1 + \frac{\sqrt{2}}{4}\,x_2 + \frac{\sqrt{3}}{2}\,x_3,$$

$$\bar{x}_2 = -\frac{\sqrt{2}}{2}\,x_1 + \frac{\sqrt{2}}{2}\,x_2,$$

$$\bar{x}_3 = -\frac{\sqrt{6}}{4}\,x_1 - \frac{\sqrt{6}}{4}\,x_2 + \frac{1}{2}\,x_3.$$

2. Wählt man im Koordinatensystem $\bar{x}_i$ die Punkte

$$\bar{a}_i = (0, 0, 0), \quad \bar{b}_i = (b, 0, 0), \quad \bar{p}_i = (p, 0, 0),$$

so ist ihr Teilverhältnis

$$\bar{\mu} = \frac{p}{p-b}.$$

Im Koordinatensystem $x_i$ entsprechen die Punkte

$$a_i = (0, 0, 0), \quad b_i = (a_{11}\,b, a_{21}\,b, a_{31}\,b), \quad p_i = (a_{11}\,p, a_{21}\,p, a_{31}\,p)$$

und ihr Teilverhältnis ist

$$\mu = \sqrt{\frac{p_i\,p_i}{(p_i - b_i)\,(p_i - b_i)}} = \sqrt{\frac{a_{i1}\,a_{i1}\,p^2}{a_{i1}\,a_{i1}\,(p-b)^2}} = \frac{p}{p-b} = \bar{\mu}.$$

## § 11

1. Die Vektoren

$$A_i = b_i - a_i = (1, 5, 4) \text{ und } B_i = c_i - a_i = (4, 2, 1)$$

bilden zwei Seiten des Dreiecks. Es ist

$$C_i = \varepsilon_{ijk} A_j B_k = (A_2 B_3 - A_3 B_2, A_3 B_1 - A_1 B_3, A_1 B_2 - A_2 B_1) =$$

$$= (-3, 15, -18)$$

und damit

$$f = \frac{1}{2} A B \sin \vartheta = \frac{1}{2} C = \frac{2}{3}\sqrt{62}.$$

2. Das Volumen des Tetraeders ist $\frac{1}{6}$ des Volumens des von den Vektoren

$$A_i = b_i - a_i = (0, -4, 2), \qquad B_i = c_i - a_i = (-5, -5, 4),$$

$$C_i = d_i - a_i = (1, 0, -8)$$

aufgespannten Parallelepipeds, also

$$V = \frac{1}{6} \varepsilon_{ijk} A_i B_j C_k = \frac{1}{6} \begin{vmatrix} 0 & -4 & 2 \\ -5 & -5 & 4 \\ 1 & 0 & -8 \end{vmatrix} = \frac{77}{3}.$$

3. Ist $x_i$ ein beliebiger Punkt der Ebene, so liegt der Vektor $x_i - a_i$ sowie die Vektoren $b_i - a_i$ und $c_i - a_i$ in der Ebene und es verschwindet das Volumen des von diesen drei Vektoren gebildeten Parallelepipeds. Es lautet dann die Gleichung der Ebene:

$$\varepsilon_{ijk} (x_i - a_i) (b_j - a_j) (c_k - a_k) = \begin{vmatrix} x_1 - a_1 & x_2 - a_2 & x_3 - a_3 \\ b_1 - a_1 & b_2 - a_2 & b_3 - a_3 \\ c_1 - a_1 & c_2 - a_2 & c_3 - a_3 \end{vmatrix} = 0.$$

Speziell:

$$\begin{vmatrix} x_1 - 1 & x_2 - 2 & x_3 - 4 \\ 1 & 1 & -5 \\ 2 & 6 & -11 \end{vmatrix} = 0 \text{ oder } 19\, x_1 + x_2 + 4\, x_3 = 37.$$

4. Der Winkel zweier Ebenen $\varepsilon$ und $\varepsilon'$ stimmt mit dem Winkel ihrer Normalenvektoren überein und ist daher

$$\cos(\varepsilon\,\varepsilon') = \frac{a_i\,b_i}{a\,b}.$$

a) $a_i\,b_i = 0$; b) $\varepsilon_{i\,k\,l}\,a_k\,b_e = 0$.

5. Der Abstand zweier Geraden ist die Länge $d$ jenes Vektors $d_i$, der auf beiden Geraden senkrecht steht und dessen Anfangs- und Endpunkt auf je einer der Geraden liegen. Setzt man

$$r_i = \varepsilon_{i\,k\,l}\,p_k\,q_l,$$

dann ist

$$d_i = \lambda\,r_i = b_i + q_i\,v - a_i - p_i\,u.$$

Man erhält aus dieser Gleichung durch Überschiebung mit $r_i$, da $r_i$ auf $p_i$ und $q_i$ senkrecht steht:

$$d_i\,r_i = \lambda\,r_i\,r_i = (b_i - a_i)\,r_i,$$

also $(r_i\,r_i = r^2)$

$$\lambda = \frac{(b_i - a_i)\,r_i}{r^2};$$

es folgt

$$d_i = \frac{(b_k - a_k)\,r_k}{r^2}\,r_i$$

und daher

$$d = \frac{(b_k - a_k)\,r_k}{r^2}.$$

a) $d_i = 0$, daher $(b_i - a_i)\,r_i = 0$ oder

$$\varepsilon_{i\,k\,l}\,(b_i - a_i)\,p_k\,q_l = 0.$$

b) $r_i = \varepsilon_{i\,k\,l}\,p_k\,q_l = 0$.

c) $\cos(\sphericalangle\, g\, g') = \dfrac{p_i\,q_i}{p\,q}$.

d) Überschiebt man

$$d_i = \lambda\,r_i = b_i + q_i\,v - a_i - p_i\,u$$

mit

$$\varepsilon_{i\,k\,l}\,q_k\,r_l = \varepsilon_{i\,k\,l}\,\varepsilon_{h\,j\,l}\,q_k\,p_h\,q_j = (\delta_{i\,h}\,\delta_{k\,j} - \delta_{i\,j}\,\delta_{k\,h})\,q_k\,p_h\,q_j =$$
$$= q_k\,(p_i\,q_k - p_k\,q_i),$$

so erhält man für den Parameterwert $u_0$ des Anfangspunktes von $d_i$ auf der Geraden $x_i = a_i + p_i u$ die Gleichung

$$(b_i - a_i)\, q_k\, (p_i q_k - p_k q_i) = u_0\, p_i q_k\, (p_i q_k - p_k q_i)$$

und daraus

$$u_0 = \frac{(b_i - a_i)\, q_k\, (p_i q_k - p_k q_i)}{p_i p_i q_k q_k - (p_i q_i)^2}$$

Dabei ist der Nenner

$$p_i p_i q_k q_k - (p_i q_i)^2 = r^2$$

Speziell: Die Gleichungen der Geraden sind

$$x_i = m_i + p_i u, \text{ wobei } p_i = n_i - m_i = (-1, 0, 2),$$

$$x_i = s_i + q_i v, \text{ wobei } q_i = \frac{1}{3}(t_i - s_i) = (-5, 3, 6).$$

$$d_i = r_i = \varepsilon_{ikl}\, p_k q_l = (-6, -4, -3), \ \lambda = 1, \ d = \sqrt{61}, \ u_0 = 1.$$

6. Ist der Abstand der Schnittgeraden vom Ursprung durch den Vektor $l_i$ gegeben, so ist

$$l_i a_i = c \text{ und } l_i b_i = k.$$

Die Vektoren $l_i$, $a_i$ und $b_i$ liegen in einer Ebene und daher ist

$$l_i = \lambda_1 a_i + \lambda_2 b_i.$$

Durch Einsetzen erhält man die Gleichungen

$$\lambda_1 a^2 + \lambda_2 a_i b_i = c,$$

$$\lambda_1 a_i b_i + \lambda_2 b^2 = k$$

und daraus

$$\lambda_1 = \frac{(c\, b_i - k\, a_i)\, b_i}{a^2 b^2 - (a_i b_i)^2}, \qquad \lambda_2 = \frac{(k\, a_i - c\, b_i)\, a_i}{a^2 b^2 - (a_i b_i)^2}.$$

Somit ist

$$l_i = \frac{c\, b_j - k\, a_j}{a^2 b^2 - (a_i b_i)^2}\, (a_i b_j - a_j b_i),$$

was man auch in der Form

$$l_i = \frac{1}{a^2 b^2 - (a_i b_i)^2}\, \varepsilon_{ijk}\, \varepsilon_{khl}\, a_h\, b_l\, (c\, b_j - k\, a_j)$$

schreiben kann; da $(c\, b_i - k\, a_i) \perp \varepsilon_{ikl}\, a_k b_l$ ist, folgt

$$l = \frac{1}{|\varepsilon_{ikl}\, a_k b_l|}\, |c\, b_i - k\, a_i|.$$

7. Legt man durch $p_i$ und die Gerade $x_i = a_i + m_i u$ eine Ebene und bestimmt man deren Schnittpunkt mit der Geraden $x_i = b_i + n_i v$, so ist dieser ein zweiter Punkt der gesuchten Geraden.

Die Parameterdarstellung der Ebene ist

$$x_i = p_i + (a_i - p_i)\, s + m_i\, t.$$

Sind $s_0$, $t_0$, $v_0$ die Parameterwerte im Schnittpunkt der Ebene mit der Geraden $x_i = b_i + n_i v$, so ist

$$p_i + (a_i - p_i)\, s_0 + m_i\, t_0 = b_i + n_i\, v_0.$$

Die Überschiebung mit $\varepsilon_{ijk}\,(a_j - p_j)\, m_k$ ergibt

$$\varepsilon_{ijk}\, p_i\, (a_j - p_j)\, m_k = \varepsilon_{ijk}\, b_i\, (a_j - p_j)\, m_k + v_0\, \varepsilon_{ijk}\, n_i\, (a_j - p_j)\, m_k$$

$$v_0 = \frac{\varepsilon_{ijk}\,(p_i - b_i)\,(a_j - p_j)\, m_k}{\varepsilon_{ijk}\,(a_i - p_i)\, m_j\, n_k}$$

Die Parameterdarstellung der gesuchten Geraden ist

$$x_i = p_i + \tau\,(b_i + n_i\, v_0 - p_i),$$

$$x_i = p_i + \tau \left(b_i - p_i + \frac{\varepsilon_{hjk}\,(p_h - b_h)\,(a_j - p_j)\, m_k}{\varepsilon_{hjk}\,(a_h - p_h)\, m_j\, n_k}\, n_i\right).$$

## § 12

1. $A_i' = \left(-\frac{1}{9},\ \frac{2}{9},\ \frac{2}{9}\right) = \frac{1}{9} A_i, \quad B_i' = \frac{1}{9} B_i, \quad C_i' = \frac{1}{9} C_i.$

2. $P_p = A_i'\, P_i\, A_p + B_i'\, P_i\, B_p + C_i'\, P_i\, C_p;$

$$A_i' = \left(0,\ \frac{1}{2},\ \frac{1}{2}\right), \quad B_i' = \left(\frac{1}{2},\ 0,\ \frac{1}{2}\right), \quad C_i' = \left(\frac{1}{2},\ \frac{1}{2},\ 0\right);$$

$$P_p = \frac{1}{2}(P_2 + P_3)\, A_p + \frac{1}{2}(P_3 + P_1)\, B_p + \frac{1}{2}(P_1 + P_2)\, C_p.$$

## § 13

1. Nach (13, 47) ist der Kotensor

$$B_{ip} = \delta_{ip}\, A' + A_{pi}^{(2)} - A_{pi}\, A''$$

Es ist

$$A' = \frac{1}{2}(A_{ii}\, A_{jj} - A_{ij}\, A_{ji}) = a_i\, b_i\, a_j\, b_j - a_i\, a_i\, b_j\, b_j =$$

$$= (a_j\, b_j)^2 - a^2\, b^2$$

$$A'' = A_{ii} = 2\, a_i\, b_i,$$

$$A_{pi}^{(2)} = A_{pj} A_{ji} = a_j b_j a_p b_i + a_j a_j b_i b_p + a_i a_p b_j b_j + a_i b_p a_j b_j,$$
$$= a_j b_j (a_p b_i + a_i b_p) + a^2 b_i b_p + b^2 a_i a_p.$$

Damit erhält man

$$B_{ip} = \delta_{ip} [(a_j b_j)^2 - a^2 b^2] - a_j b_j (a_p b_i + a_i b_p) + a^2 b_i b_p +$$
$$+ b^2 a_i a_p.$$

2. $D' = D'' = 1 + 2 \cos \vartheta$,

$$D_{pi}^{(2)} = e_p e_i + (\delta_{pi} - e_p e_i) \cos 2\vartheta - \varepsilon_{pil} e_l \sin 2\vartheta$$

(Drehung durch $2\vartheta$), und damit

$$B_{ip} = \delta_{ip} \cos \vartheta + e_i e_p (1 - \cos \vartheta) - \varepsilon_{ipl} e_l \sin \vartheta = D_{ip}.$$

3. Aus (13, 23) wird wegen $A_{ij} = B_{ij}$

$$A_{ik} A_{jk} = \delta_{ij} A;$$

bildet man beiderseits die Determinante, so folgt

$$\begin{vmatrix} A_{1k} A_{1k} & A_{1k} A_{2k} & A_{1k} A_{3k} \\ A_{2h} A_{1h} & A_{2h} A_{2h} & A_{2h} A_{3h} \\ A_{3l} A_{1l} & A_{3l} A_{2l} & A_{3l} A_{3l} \end{vmatrix} = \begin{vmatrix} A & 0 & 0 \\ 0 & A & 0 \\ 0 & 0 & A \end{vmatrix}$$

oder

$$A^2 = A^3;$$

es ist also entweder $A = 1$, und das ist der Fall der *Drehung*, denn die $A_{ij}$ sind dann wegen $A_{ik} A_{jk} = \delta_{ij}$ die Koeffizienten einer eigentlich orthogonalen Transformation, oder aber es ist $A = 0$, d. h. $A_{ij}$ ist singulär. Nun ist aber der Rang des Kotensors $B_{ij}$ stets um 1 kleiner als der des Tensors $A_{ij}$, wenn $A_{ij}$ nicht regulär oder dreifach singulär ist (vgl. die Übersicht S. 105). Es muß also $A_{ij} = 0$ sein.

4. Legt man das Koordinatensystem so, daß die $e_i$ die Maßvektoren werden, so gehen die Gleichungen $U_i = A_{ij} X_j$ über in

$$U_1 = X_2,$$
$$U_2 = X_3,$$
$$U_3 = X_1;$$

für die Gleichungen $X_j = A_{ji}^{(-1)} U_i$ folgt daraus

$$X_1 = \qquad U_3,$$
$$X_2 = U_1,$$
$$X_3 = \quad U_2.$$

Der inverse Tensor ist daher

$$A_{ij}^{(-1)} = \overset{3}{e_i}\,\overset{2}{e_j} + \overset{1}{e_i}\,\overset{3}{e_j} + \overset{2}{e_i}\,\overset{1}{e_j}.$$

5. $A'' = A_{ii} = 2\, a_i\, b_i.$

$A' = (A_{ii} A_{jj} - A_{ij} A_{ji}) = -\varepsilon_{ihl}\,\varepsilon_{jkl}\, a_i\, b_h\, a_j\, b_k.$

Für die Determinante erhält man

$$A = \varepsilon_{ijk}\,(a_i\, b_1 + a_1\, b_i)\,(a_j\, b_2 + a_2\, b_j)\,(a_k\, b_3 + a_3\, b_k);$$

multipliziert man aus, so ergibt sich $A$ als Summe von sechs Determinanten, z. B. $\varepsilon_{ijk}\, a_i\, a_j\, a_k$, $\varepsilon_{ijk}\, a_i\, a_j\, b_k$, $\varepsilon_{ijk}\, a_i\, b_j\, b_k$ und $\varepsilon_{ijk}\, b_i\, b_j\, b_k$, noch multipliziert mit festen Faktoren. Die Determinanten enthalten aber alle mindestens zwei gleiche Reihen und verschwinden, also ist $A = 0$.

6. $D' = D'' = 1 + 2 \cos \vartheta.$

Die Determinante $D$ des Drehtensors hat selbstverständlich den Wert 1.

7. Legt man das Koordinatensystem wie in Aufgabe 4, so wird die charakteristische Gleichung

$$\det (A_{ij} - \lambda\, \delta_{ij}) = \begin{vmatrix} -\lambda & 1 & 0 \\ 0 & -\lambda & 1 \\ 1 & 0 & -\lambda \end{vmatrix} = -\lambda^3 + 1 = 0,$$

also erhält man die charakteristischen Zahlen

$$\lambda_1 = 1, \quad \lambda_{2,3} = \frac{-1 \pm j\sqrt{3}}{2}.$$

8. Aus der charakteristischen Gleichung $-\lambda^3 + 1 = 0$ (siehe Aufgabe 7) folgt für den ersten, zweiten und dritten Skalar

$$A'' = A' = 0, \quad A = 1.$$

Es lautet daher die Hamilton-Cayleysche Gleichung

$$\delta_{ij} - A_{ij}^{(3)} = 0.$$

In der Tat ist

$$A_{ij}^{(3)} = A_{ik} A_{kl} A_{lj} = (\overset{1}{e}_i \overset{1}{e}_j + \overset{2}{e}_i \overset{2}{e}_j + \overset{3}{e}_i \overset{3}{e}_j) = \delta_{ij},$$

womit die Gleichung bestätigt ist.

9. Es ist $D' = D'' = 1 + 2 \cos \vartheta$, $D = 1$ (vgl. Aufgabe 6) und es lautet die Hamilton-Cayleysche Gleichung

$$\delta_{ij} - (1 + 2 \cos \vartheta) D_{ij} + (1 + 2 \cos \vartheta) D_{ij}^{(2)} - D_{ij}^{(3)} = 0.$$

Mit

$$D_{ij}^{(2)} = D_{ik} D_{kj} = \delta_{ij} \cos 2\vartheta + e_i e_j (1 - \cos 2\vartheta) - \varepsilon_{ijk} \sin 2\vartheta,$$

$$D_{ij}^{(3)} = D_{ik} D_{kh} D_{hj} = \delta_{ij} \cos 3\vartheta + e_i e_j (1 - \cos 3\vartheta) - \varepsilon_{ijk} \sin 3\vartheta$$

verschwindet die linke Seite identisch.

## § 15

1. Die charakteristische Gleichung

$$\begin{vmatrix} -\lambda & \frac{1}{2} & \frac{1}{2} \\ \frac{1}{2} & -\lambda & \frac{1}{2} \\ \frac{1}{2} & \frac{1}{2} & -\lambda \end{vmatrix} = -\lambda^3 + \frac{3}{4}\lambda + \frac{1}{4} = -(\lambda - 1)\left(\lambda + \frac{1}{2}\right)^2 = 0$$

liefert die charakteristischen Zahlen

$$\lambda_1 = 1, \quad \lambda_2 = \lambda_3 = -\frac{1}{2}.$$

Die normierten Eigenvektoren

$$\overset{1}{e}_i = \left(\frac{1}{\sqrt{3}}, \frac{1}{\sqrt{3}}, \frac{1}{\sqrt{3}}\right), \quad \overset{2}{e}_i = \left(\frac{1}{\sqrt{2}}, -\frac{1}{\sqrt{2}}, 0\right),$$

$$e_i = \left(\frac{1}{\sqrt{6}}, \frac{1}{\sqrt{6}}, -\sqrt{\frac{2}{3}}\right)$$

sind die Einsvektoren in den Achsenrichtungen.

Die Drehung $z_i = \overset{j}{e}_i y_j$ führt die Gleichung der Fläche über in

$$y_1^2 - \frac{y_2^2}{2} - \frac{y_3^2}{2} = 1.$$

Die Fläche ist ein *zweischaliges Drehhyperboloid* mit dem Mittelpunkt $m_i = (0, 0, 0)$; die reelle Achse (Drehachse) hat die Länge $c_1 = 1$; die Längen der imaginären Achsen sind $c_2 = $ $= c_3 = \sqrt{2}$.

2. Aus der charakteristischen Gleichung

$$\begin{vmatrix} -\lambda & \frac{1}{2} & 0 \\ \frac{1}{2} & -\lambda & 0 \\ 0 & 0 & -1-\lambda \end{vmatrix} = -(\lambda + 1)\left(\lambda^2 - \frac{1}{4}\right) = 0$$

erhält man die charakteristischen Zahlen

$$\lambda_1 = -1,\ \lambda_2 = -\frac{1}{2},\ \lambda_3 = \frac{1}{2}.$$

Die normierten Eigenvektoren

$$\overset{1}{e}_i = (0, 0, 1),\ \overset{2}{e}_i = \left(\frac{1}{\sqrt{2}},\ -\frac{1}{\sqrt{2}},\ 0\right),\ \overset{3}{e}_i = \left(\frac{1}{\sqrt{2}},\ \frac{1}{\sqrt{2}},\ 0\right)$$

sind die Einsvektoren in den Achsenrichtungen.

Die Drehung $z_i = \overset{j}{e}_i\, y_j$ führt die Gleichung der Fläche über in die Form

$$y_1^2 + \frac{y_2^2}{2} - \frac{y_3^2}{2} = 0.$$

Die Fläche ist ein *Kegel* mit dem Mittelpunkt (Scheitel) $m_i = (0, 0, 0)$ und der Achse $y_1 = y_2 = 0$.

3. Die charakteristischen Zahlen sind 28,71, 3,17, 7,12; die Transformation $z_i = \overset{j}{e}_i\, x_j$ gibt das *Ellipsoid* $4{,}78\, x_1^2 + 0{,}53\, x_2^2 + $ $+ 1{,}12\, x_3^2 = 1$.

4. Die charakteristischen Zahlen sind: $\lambda_1 = 4$, $\lambda_2 = 0$, $\lambda_3 = -9$; die Parallelverschiebung $z_i = x_i + m_i$, wobei $m_i = $ $= (-1, 0, 2)$ (vgl. den Fall II A der Einteilung der Flächen II. Ordnung in § 15), führt die Gleichung der Fläche über in die Form

$$2\, x_1^2 - \frac{9}{2}\, x_3^2 = 2\, x_2.$$

Die Fläche ist ein *hyperbolisches Paraboloid*, dessen Achsen die Koordinatenachsen bilden.

5. Die charakteristische Gleichung ist

$$\begin{vmatrix} 1-\lambda & -\lambda & 1 \\ -1 & 1-\lambda & -1 \\ 1 & -1 & 1-\lambda \end{vmatrix} = -\lambda^3 + 3\lambda^2 = 0,$$

daher die charakteristischen Zahlen $\lambda_1 = 3$, $\lambda_2 = \lambda_3 = 0$.

Die Gleichungen für die Eigenvektoren sind:

$$x_1 - x_2 + x_3 = 0 \text{ für } \lambda_2 = \lambda_3 = 0,$$

$$-2x_1 - x_2 + x_3 = 0,$$

$$x_1 + 2x_2 + x_3 = 0,$$

$$x_1 - x_2 - 2x_3 = 0 \text{ für } \lambda_1 = 3.$$

Wählt man $\overset{2}{e}_i$ senkrecht zu $\overset{3}{e}_i = \left(\frac{1}{\sqrt{6}}, \frac{2}{\sqrt{6}}, \frac{1}{\sqrt{6}}\right)$ (vgl. den Fall III A der Einteilung der Flächen in § 15), so erhält man die normierten Eigenvektoren

$$\overset{1}{e}_i = \left(\frac{1}{\sqrt{3}}, -\frac{1}{\sqrt{3}}, \frac{1}{\sqrt{2}}\right), \quad \overset{2}{e}_i = \left(\frac{1}{\sqrt{2}}, 0, -\frac{1}{\sqrt{2}}\right),$$

$$\overset{3}{e}_i = \left(\frac{1}{\sqrt{6}}, \frac{2}{\sqrt{6}}, \frac{1}{\sqrt{6}}\right),$$

welche die Achsenrichtungen bestimmen.

Die Drehung $z_i = \overset{j}{e}_i y_i$ führt die Gleichung der Fläche über in

$$3y_1^2 - \frac{1}{\sqrt{3}} y_1 - \frac{4}{\sqrt{6}} y_3 = 0.$$

Durch die Parallelverschiebung $y_i = x_i + m_i$, wobei $m_i = \left(\frac{1}{6\sqrt{3}}, 0, -\frac{1}{24\sqrt{6}}\right)$ erhält man die Gleichung in der Form

$$x_1^2 = \frac{4}{3\sqrt{6}} x_3.$$

Die Fläche ist ein *parabolischer Zylinder*.

# Sachverzeichnis

Satz: Manzsche Buchdruckerei, A-1090 Wien

GPSR Compliance

*The European Union's (EU) General Product Safety Regulation (GPSR) is a set of rules that requires consumer products to be safe and our obligations to ensure this.*

*If you have any concerns about our products, you can contact us on ProductSafety@springernature.com*

In case Publisher is established outside the EU, the EU authorized representative is:

Springer Nature Customer Service Center GmbH
Europaplatz 3
69115 Heidelberg, Germany

**Batch number: 10577915**

Printed by Printforce, the Netherlands